高等职业教育课程改革系列教材

新编 C 语言案例教程

主　编　樊秋月　陈明芳
副主编　李江平　李　广
参　编　李　昌　吴清海

机 械 工 业 出 版 社

本书采用“任务驱动”的方式编写，突出高职高专“以就业为导向，以技能为目标”的特色，按照高职高专学生的认知规律对内容进行了合理安排。本书内容共有两篇。基础知识篇包括C语言程序设计基础，数据类型、运算符和表达式，C语言程序设计的三种基本结构，数组和字符串，函数，指针，文件和结构类型8个单元，每个单元都是按照“任务描述—关键知识点—相关知识—任务实施—小结”这一思路进行编排的，力求把理论知识和实践技能有机地结合在一起。技能提高篇为实践项目“学生成绩管理系统”，主要是提高学习者编程的实践能力。本书可作为高职高专院校C语言程序设计课程的教材，也可作为C语言程序设计学习者的参考书。

为方便教学，本书有电子课件、习题答案、模拟试卷及答案等，凡选用本书作为授课教材的学校，均可通过电话（010-88379564）或QQ（3045474130）索取。

图书在版编目（CIP）数据

新编C语言案例教程/樊秋月，陈明芳主编. —北京：机械工业出版社，2015.2（2022.7重印）
高等职业教育课程改革系列教材
ISBN 978-7-111-48814-9

Ⅰ.①新… Ⅱ.①樊…②陈… Ⅲ.①C语言-程序设计-高等职业教育-教材 Ⅳ.①TP312

中国版本图书馆CIP数据核字（2014）第311706号

机械工业出版社（北京市百万庄大街22号 邮政编码100037）
策划编辑：曲世海 责任编辑：曲世海 冯睿娟
版式设计：霍永明 责任校对：陈延翔
封面设计：陈 沛 责任印制：单爱军
北京虎彩文化传播有限公司印刷
2022年7月第1版第5次印刷
184mm×260mm·16.25印张·370千字
标准书号：ISBN 978-7-111-48814-9
定价：49.80元

电话服务	网络服务
客服电话：010-88361066	机 工 官 网：www.cmpbook.com
010-88379833	机 工 官 博：weibo.com/cmp1952
010-68326294	金 书 网：www.golden-book.com
封底无防伪标均为盗版	机工教育服务网：www.cmpedu.com

前言

C 语言是一种通用的程序设计语言，它的结构简单，数据类型丰富，运算灵活方便。用它编写的程序，具有速度快、效率高、代码紧凑、可移植性好等优点，能够有效地编制各种系统软件和应用软件，是当今最为流行的计算机编程语言之一。

本书以当前广泛使用的 Win-TC 2.0 和 Visual C + + 6.0 编译系统为实现版本，全面系统地介绍了 C 语言及其程序设计方法。编写团队从 2012 年就开始参加了“C 语言程序设计”精品资源共享课程的建设，本书也是国家骨干校建设规划教材。

本书是专为高职高专学生编写的 C 语言教材，力求通过丰富的任务案例，讲述 C 语言的编程技术，使初学者能够学会基本的编程方法。本书内容按照高职高专学生的认知规律进行了合理安排，全书内容分为两篇。基础知识篇包括 C 语言程序设计基础，数据类型、运算符和表达式，C 语言程序设计的三种基本结构，数组和字符串，函数，指针，文件和结构类型 8 个单元。技能提高篇为实践项目“学生成绩管理系统”，主要是提高学习者编程的实践能力。本书将 C 语言应用知识由浅入深、循序渐进地融入各个单元任务中，前一个单元是后一个单元学习的基础，每一个单元均是按照“任务描述—关键知识点—相关知识—任务实施—小结”这一思路进行编排的，力求把理论知识和实践技能有机地结合在一起。在内容编写方面，注重按照学生的认知规律（由浅入深、由简单到复杂、由单项到系统、由验证到设计）对教材内容进行科学合理的安排；在任务的选取方面，注重选用实用性强、针对性强的案例，同时也引入一些实际的问题，比如银行卡密码、酒驾测试等问题来吸引学生，激发他们对 C 语言的兴趣。

本书作为三年制高职高专教材使用时，建议总学时为 72 学时，其中上机实训为 36 学时；作为两年制高职高专教材使用时，教师可根据实际情况适当取舍有关内容。

本书由樊秋月、陈明芳主编，李江平、李广任副主编，李昌、吴清海参加编写。其中李江平编写单元 1、2，樊秋月编写单元 3、4、5、6、9，陈明芳编写单元 7，李昌编写单元 8，李广编写附录 A，吴清海编写附录 B。

本书在编写过程中参考了很多文献及成果，在此对参考文献的作者和网上信息提供者表示深深的敬意和诚挚的感谢。

由于编者水平有限，加之时间仓促，错漏之处在所难免，敬请广大读者、专家批评指正。

编　者

目 录

技能提高篇

基础知识篇

单元 1

C 语言程序设计基础

【教学目的】

通过本单元的学习，要求初步了解 C 语言程序，理解 C 语言程序的基本结构和特点，能熟练掌握在 Visual C ++ 6.0 和 Win-TC 2.0 集成开发环境中编写 C 语言程序的方法，为后面单元的学习奠定基础。

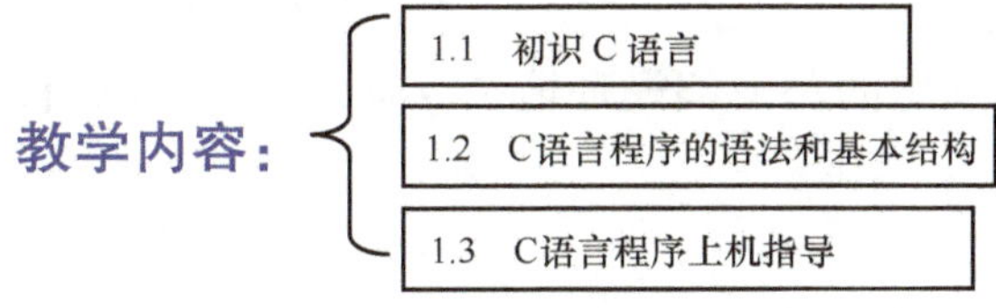

教学内容：

- 1.1 初识 C 语言
- 1.2 C语言程序的语法和基本结构
- 1.3 C语言程序上机指导

【重点难点】

重点：

① C 语言程序的基本结构；

② Visual C ++ 6.0 和 Win-TC 2.0 的使用。

难点：

Visual C ++ 6.0 和 Win-TC 2.0 的使用。

任务　输出大学生信息查询系统界面

【任务描述】

学生工作处王老师要做个大学生信息查询系统网页，要求小李利用所学 C 语言知识先做出首页的界面效果给他做参考，界面用 C 语言程序实现。

【关键知识点】

① C 语言程序的结构；

② C 语言程序的编译运行；

③ C 语言的基本输出 printf( ) 函数的使用。

【相关知识】

1.1 初识 C 语言

1.1.1 C 语言的起源

C 语言发源于著名的美国贝尔实验室，是由该实验室的研究人员 Dennis Ritchie 和 Ken Thompson 两人于 20 世纪 70 年代初在设计 UNIX 操作系统时开发出来的。在 C 语言诞生以前，系统软件主要是用汇编语言编写的，原来的 UNIX 操作系统就是 1969 年由美国贝尔实验室的 Ken Thompson 和 Dennis Ritchie 利用汇编语言开发成功的。由于汇编语言程序依赖于计算机硬件，其可读性和可移植性都很差，但一般的高级语言又难以实现对计算机硬件的直接操作，于是 Ken Thompson 于 1970 年设计出一种简单而且接近硬件的高级语言——B 语言，并用 B 语言写了 UNIX 操作系统。1972 年到 1973 年间，Dennis Ritchie 在 B 语言基础上又设计了 C 语言。

后来，C 语言又被多次改进，并出现了多种版本。20 世纪 80 年代初，美国国家标准学会（ANSI），根据 C 语言问世以来各种版本对 C 语言的发展和扩充，制定了 ANSI C 标准（1989 年再次做了修订）。

本书的叙述以 ANSI C 新标准为基础，选定的集成编译环境是 Visual C ++ 6.0 和 Win-TC 2.0。

1.1.2 C 语言的特点

C 语言同时具有汇编语言和高级语言的优势，概括如下：

① 语言简洁、灵活，程序执行效率高；

② 运算符极其丰富，能够实现在其他高级语言中难以实现的运算功能；

③ 数据类型丰富，可实现各种复杂的数据结构的运算；

④ 灵活的结构化控制语句，是理想的结构化程序设计语言；以函数为程序基本模块，容易实现模块化程序设计；

⑤ 语法不严，程序设计自由；

⑥ 具有直接对硬件进行控制的功能；

⑦ 可移植性好。

1.1.3 C 语言的应用领域

因为 C 语言既具有高级语言的特点，又具有汇编语言的特点，所以既可以作为工作系统设计语言，编写系统应用程序，也可以作为应用程序设计语言，编写不依赖计算机硬件的应用程序。其应用范围极为广泛，不仅仅是在软件开发上，各类科研项目也都要用到 C 语言。下面列举了 C 语言一些常见的应用领域。

① 应用软件。Linux 操作系统中的应用软件都是使用 C 语言编写的，因此这样的应用软件安全性非常高。

② 对性能要求严格的领域。一般对性能有严格要求的地方都是用 C 语言编写的，比如网络程序的底层和网络服务器的底层、地图查询等。

③ 系统软件和图形处理。C 语言具有很强的绘图能力和可移植性，并且具备很强的数据处理能力，可以用来编写系统软件、制作动画、绘制二维图形和三维图形等。

④ 数字计算。相对于其他编程语言，C 语言是数字计算能力超强的高级语言。

⑤ 嵌入式设备开发。手机、PDA 等时尚消费类电子产品相信大家都不陌生，其内部的应用软件很多都是采用 C 语言进行嵌入式开发的。

⑥ 游戏软件开发。游戏大家更不陌生，很多人就是由玩游戏而熟悉的计算机。利用 C 语言可以开发很多游戏，比如推箱子、贪吃蛇、五子棋等。

不管 C ++ 和 Java 这样较新的语言如何流行，C 语言在软件产业中仍然是一种重要的语言，特别是在嵌入式系统的编程中，C 语言已成为最根本的开发工具。也就是说，C 语言将用来为汽车、照相机、蓝光播放机、xbox360 等游戏机和其他现代化设备中逐渐普及的微处理器编程。由于 C 语言是一种适合用来开发操作系统的语言，因此它在 Linux 操作系统的开发中也扮演着重要的角色，未来 C 语言仍将保持强劲的势头。

C 语言也是我们学习其他编程语言的基础，在掌握了 C 语言程序基础上我们还可以进一步学习 C ++ 、Java、单片机 C 语言等。

1.2　C 语言程序的语法和基本结构

下面通过简单的例子来介绍一下 C 语言程序的语法和基本结构。

【例 1-1】　设计一个简单的 C 语言程序，在屏幕上输出“hello the world”。

```
#include <stdio.h>                 /* 预处理命令行 */
void main()                        /* main()称为主函数 */
{
  printf("hello the world\n");     /* C 语言语句,作用是在屏幕上输出“hello the world”,
                                      \n 表示回车换行 */
}
```

说明如下：

① 程序第一行使用的是#include 预处理命令，其作用是将由双引号或尖括号括起来的文件中内容，读入到该语句位置处。stdio. h 为头文件，包含 printf( ) 函数的信息，<stdio. h> 也可以写成"stdio. h" 的形式。

② 程序第二行是函数头部，void 表明函数的返回值类型，main 是函数名，( ) 表示该函数不需要参数。

③ 从第三行到第五行是函数体，{ } 分别表示函数的起、止位置，第四行是一条可执行语句，用于在屏幕上输出“hello the world”。

④ printf( ) 为输出函数，它是一个由系统定义的标准函数（也称库函数），可在程序中直接调用。

例 1-1 所示的 C 语言程序仅由一个 main( ) 函数构成，一个完整的程序结构可以有两种表现形式。

一种就是仅由一个 main( )函数构成，如下所示：

```
main()
 {
  …
 }
```

另一种就是由一个 main( )函数和若干其他自定义函数结合而成（自定义函数由用户自己定义设计），如下所示：

```
自定义函数 1，自定义函数 2，……的声明；
main()
{
  …
}
自定义函数 1
自定义函数 2
  ……
```

【例 1-2】 已知三个整数 a = 10、b = 5、c = 3，按公式 s = a + b × c 计算并显示结果。

```
#include <stdio.h>                /* 预处理命令行 */
main()
{
  int a,b,c,s;                    /* 定义四个整型变量 */
  a = 10;b = 5;c = 3;             /* 变量赋初始值 */
  s = a + b * c;                  /* 算术运算并赋值 */
  printf("s = %d\n",s);           /* 输出结果 */
}
```

这个程序虽然短，却体现了 C 语言程序结构的主要特点：

① 一个 C 程序有且仅有一个名为 main 的主函数，但可以有多个其他子函数，比如本程序中的 printf( )函数，每一个函数完成相对独立的功能，函数是 C 语言的基本模块单元。main 是主函数名，后面的一对“( )”用来写函数参数，参数可以省略，但圆括号不能省略；

② 一个 C 语言程序的执行总是从主函数 main( )开始（不论 main( )函数在程序中的位置如何），直到 main( )函数结束；

③ 主函数或子函数的函数体，必须用一对花括号“{}”括起来；

④ C 语言的每条语句，必须用一个分号“;”作为结束标志；

⑤ C 语言编译系统区分字母大小写，大小写表示不同的含义，程序语句一般用小写字母书写，大写一般用作符号常量，如 Main、MAIN、main、maiN 的含义是不相同的；

⑥ 注释语句“/ * …… * /”是非执行语句，可以放在程序的任意位置，它的功能主要是注释程序，供程序员阅读，机器无法识别；

⑦ C语言中使用的所有变量都必须先定义为某种数据类型，然后才能使用；

⑧ 为了增强程序的可读性，低一层次的语句或说明通常比高一层次的语句或说明缩进若干空格后书写；

⑨ 书写程序时，一般情况下一个说明或一个语句占一行。

1.3　C语言程序上机指导

1.3.1　C语言程序的开发过程

开发一个C语言程序的基本步骤，可用图1-1描述。C源程序经过编辑、编译、连接生成.exe文件，然后再在计算机上执行。无论哪个阶段有错误，都要回到编辑状态修改源程序，修改后再编译、连接、运行。

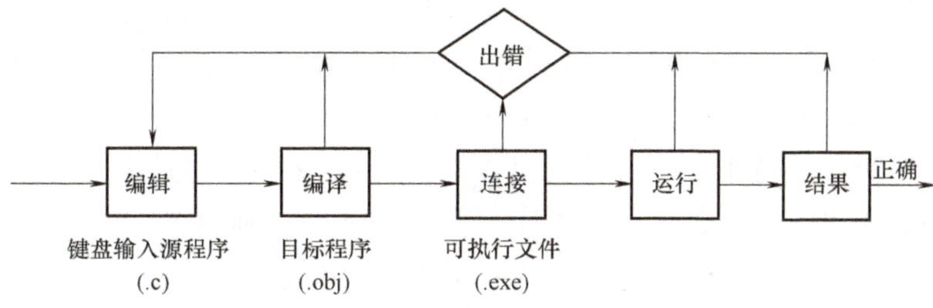

图1-1　C语言程序开发步骤

1. 编辑

编辑是在一定的环境下进行程序的输入和修改的过程。C程序可以事先在纸上写好，也可以在编辑环境下直接输入到计算机中。用某种计算机程序设计语言编写的程序称为源程序，保存后生成程序文件。C语言源程序在Win-TC 2.0环境下默认文件扩展名为“.c”，在Visual C++ 6.0环境下默认文件扩展名为“.cpp”。C语言源程序也可以使用计算机所提供的各种编辑器进行编辑。

2. 编译

编辑好的源程序不能直接被计算机所理解，源程序必须经过编译，生成计算机能够识别的机器代码。通过编译器将C语言源程序转换成二进制机器代码的过程称为编译，这些二进制机器代码称为目标代码。目标代码保存在以“.obj”为扩展名的目标文件中。

编译阶段要进行词法分析和语法分析，又称源程序分析。这一阶段主要是分析程序的语法结构，检查C语言源程序的语法错误。如果分析过程中发现有不符合要求的语法，就会及时报告给用户，将错误类型显示在屏幕上。

3. 连接

编译后生成的目标代码还不能直接在计算机上运行，其主要原因是编译器对每个源程序文件分别进行编译，如果一个程序有多个源程序文件，编译后这些源程序文件还分布在不同的地方。因此，需要把它们连接在一起，生成可以在计算机上运行的可执行文件。即使源程序仅由一个源文件构成，这个源文件生成的目标程序也还需要系统提供库文件中的一些代码，故也需要连接起来。

连接工作一般由编译系统中的连接程序来完成，连接程序将由编译器生成的目标代码文件和库中的某些文件连接在一起，生成一个可执行文件。可执行文件的默认扩展名为“. exe”。

4. 运行

一个 C 源程序经过编译和连接后生成了可执行文件，该文件可以在 Windows 环境下直接双击运行，也可以在 Visual C ++ 6.0 的集成开发环境下运行。

程序运行后，将在屏幕上显示运行结果或提示用户输入数据的信息，用户可以根据运行结果来判断程序是否有算法错误。在生成可执行文件之前，一定要保证编译和连接不出现错误和警告，这样才能正常运行。因为程序中有些警告虽然不影响生成可执行文件，但有可能导致结果错误。

1.3.2 Visual C ++ 6.0 集成开发环境与 C 语言程序的上机操作

C 语言程序集成开发环境有很多，如 Turbo C 2.0、Win-TC 2.0、Visual C ++ 6.0 等，Turbo C 2.0 是在 DOS 系统下开发的，使用界面在 DOS 系统下运行而且只能使用键盘输入命令，不方便使用鼠标，所以建议大家使用 Visual C ++ 6.0 和 Win-TC 2.0，这两个集成开发环境都可以在 Windows 系统下使用，特别是 Visual C ++ 6.0，它是由 Microsoft 公司推出的可视化开发环境，是 Windows 最优秀的程序开发工具之一。利用 Visual C ++ 6.0 可以开发出具有良好的交互功能、兼容性和扩展性的应用程序。

Visual C ++ 6.0 提供了对面向对象技术的支持，利用类将与用户界面设计有关的 Windows API 函数封装起来，并通过 MFC 类库的方式提供给开发人员，大大提高了程序代码的可重用性；Visual C ++ 6.0 还提供了功能强大的应用程序生成向导（AppWizard），能够帮助用户自动生成一个应用程序框架，用户只要在该框架的适当位置添加代码就可以得到一个满意的应用程序。下面介绍 Visual C ++ 6.0 集成开发环境与上机操作步骤、调试与改错。

一、安装与启动 Visual C ++ 6.0

运行 Visual Studio 软件中的 setup. exe 程序，选择安装 Visual C ++ 6.0，然后按照安装程序的指示，完成安装过程。

安装完成后，在开始菜单的程序中，可以看到 Microsoft Visual Studio6. 0 的图标，选择该图标即可运行软件；也可以在 Windows 桌面上建立一个快捷方式，双击即可进入 Visual C ++ 6.0集成开发环境。

二、用 Visual C ++ 6.0 建立并运行 C 语言程序的步骤

1. 创建工程项目

打开 Visual C ++ 6.0 后，在 Visual C ++ 6.0 集成开发环境中选择“文件/新建”命令，弹出“新建”对话框，如图 1-2 所示。在“工程”选项卡的列表框中选择“Win32 Console Application”选项，然后在“工程名称”编辑框中输入创建的工程名“score”，在“位置”编辑框中设置工程文件存放的位置为“D: \ EXAMPLE \ SCORE \ score”，再单击“确定”按钮，随后弹出询问对话框，如图 1-3 所示，选择“一个空工程”选项，单击“完成”按钮，打开“新建工程信息”对话框，最后单击“确定”按钮，完成创建工程项目。

2. 建立源程序文件

选择“文件/新建”命令，打开“新建”对话框，选择“文件”选项卡，如图 1-4 所

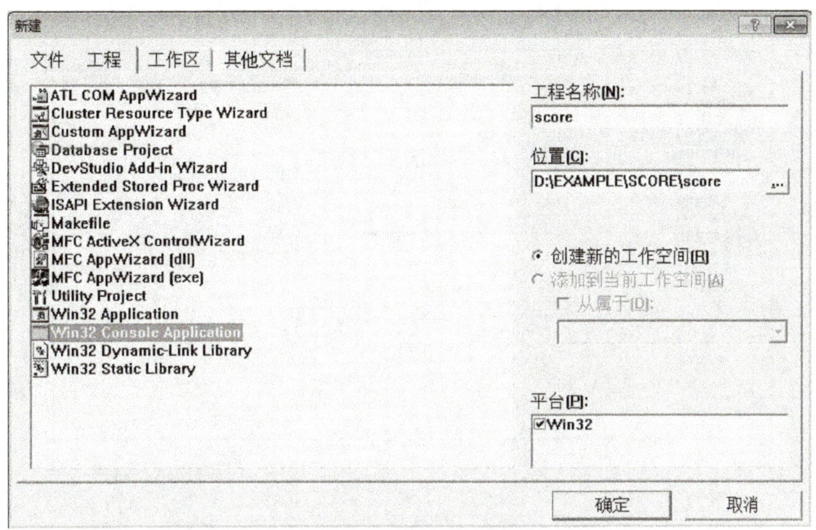

图 1-2　“新建”对话框

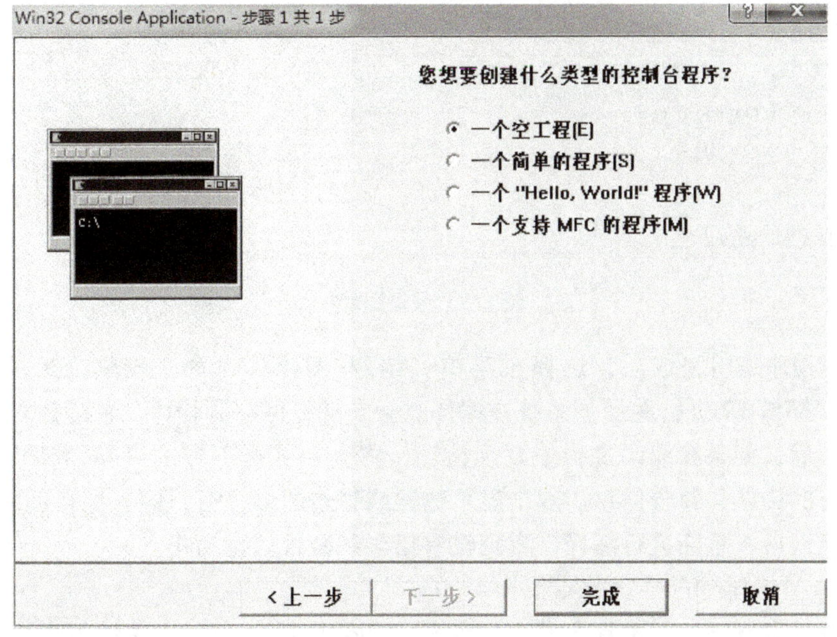

图 1-3　询问对话框

示，在其列表框中选择“C++Source File”选项，在“文件名”文本框中输入文件名“C语言例1-1”，在“位置”文本框中输入或选择文件存放的目录，单击“确定”按钮，打开编辑窗口，在其中进行程序编辑。程序编辑完成后，选择“文件/保存”命令来保存文件。

3. 编辑源程序

在图1-5所示的C语言源程序编辑区输入如图所示源程序代码。

4. 编译、运行C语言源程序

（1）选择“组建/编译”命令

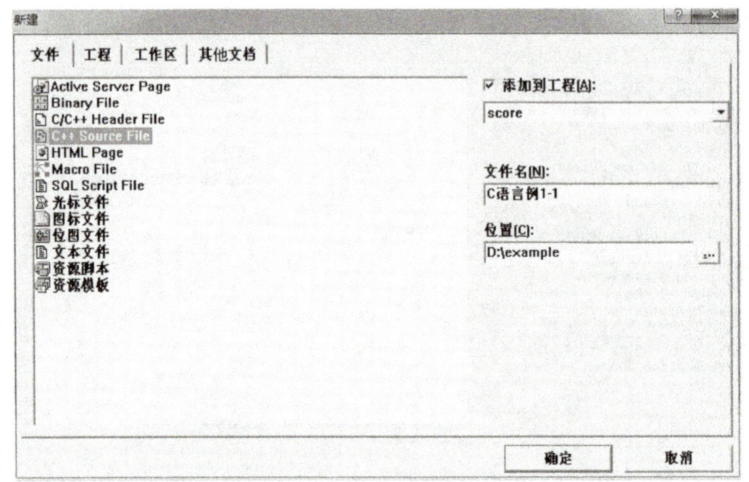

图 1-4 “新建”对话框的“文件”选项卡

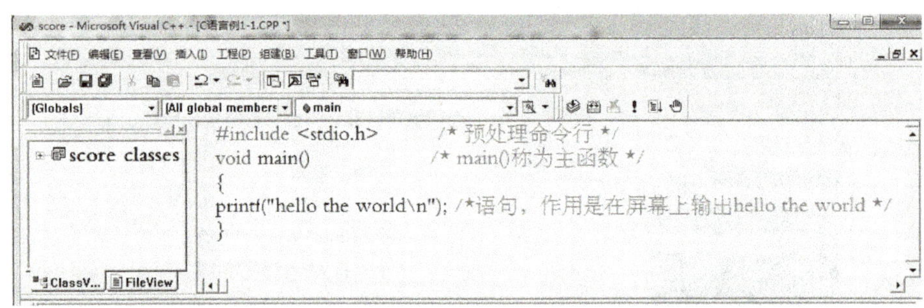

图 1-5 编辑源程序

C 语言源程序编辑完成后，选择主菜单“组建/编译”命令，或单击工具栏上的图标，或使用快捷键 F7 进行编译。系统在编译时会自动先保存源程序，然后进行编译。

编译完成后，如果在编译过程中发现错误，将会在屏幕下方的“显示错误与警告”窗口，显示所有的错误和警告信息。双击显示错误或警告的第一行，则光标自动跳到代码的错误行，修改错误后，重新进行编译，直到没有错误和警告信息为止。

（2）选择“组建/执行”命令

编译之后没有错误，就选择主菜单“组建 Build/执行”命令，或使用快捷键 Ctrl + F5，或单击工具栏上的 ! 图标运行程序，程序运行结果如图 1-6 所示。在图 1-6 所示的窗口中，“Press any key to continue”是系统自动加上的，表示程序运行后，按任意键可返回 Visual C ++ 6.0 集成开发环境中。

5. 打开已经存在的 C 语言源程序并进行编辑修改

1）进入 Visual C ++ 6.0 集成开发环境后，选择主菜单“文件/打开工作区”命令，在弹出的对话框内找到要打开的工作区文件，例如 C 语言练习 . dsw，单击“打开”按钮，如图 1-7 所示，打开工作区。

2）选择主菜单“文件/打开”命令，显示图 1-8 所示的打开 C 语言源文件对话框。在

图 1-6　程序运行结果

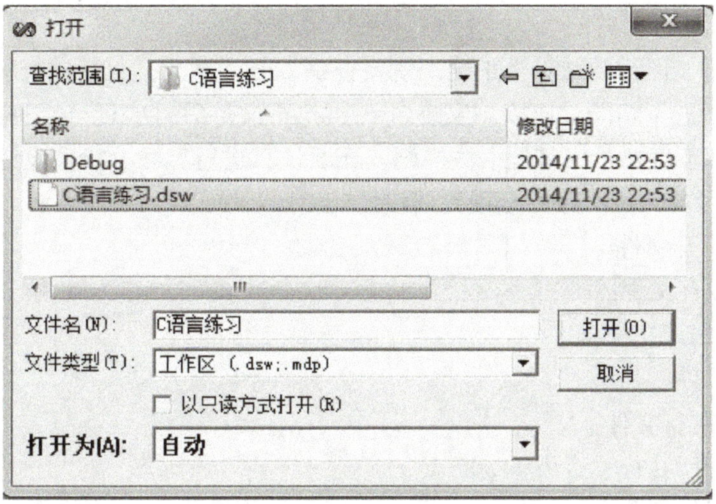

图 1-7　打开工作区对话框

对话框内找到要打开的文件，例如练习 1. c，单击“打开”按钮，即可打开已经存在的 C 语言源文件。

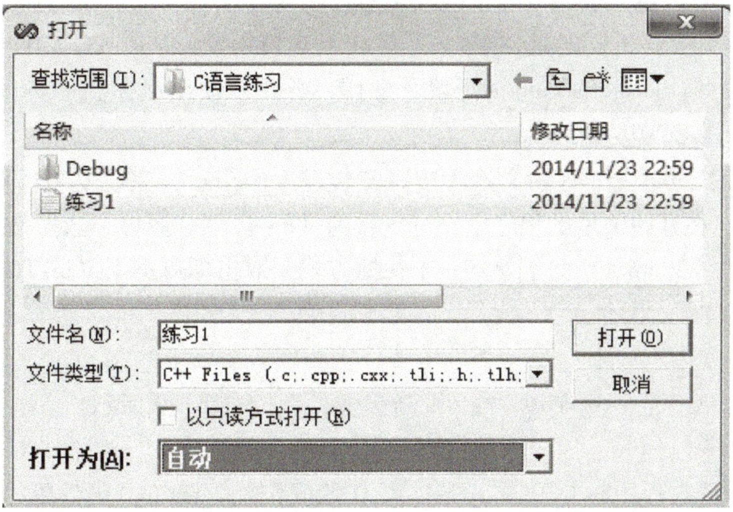

图 1-8　打开 C 语言源文件对话框

三、Visual C ++ 6.0 中程序的调试与改错

1. 修改语法错误

查看运算结果时要注意错误的类别是语法错误还是算法逻辑错误。如果是语法错误，可按照系统所提示的错误类型对错误进行修改。

操作步骤为：双击显示错误或警告的第一行，则光标自动跳到错误代码处。切记，一定要先修改出现的第一个语法错误，修改了错误后，重新进行编译。一般第一个错误修改后，后面与其有关的错误自然就解决了。若还有错误，仍然是先修改第一个错误，然后再次进行编译，直到没有错误和警告信息为止。

2. 修改算法错误

编译语法通过，但运行结果不正确，就要查找、分析算法，重新进行程序设计。当程序修改后，还要重新进行编译、连接，生成 .exe 可执行文件后再次运行，直到运行结果正确。所以，C 语言编程不仅要严格掌握语法规则，还要认真进行算法分析和设计。

3. 编辑、运行与调试程序中常用到的快捷键

- Ctrl + O：打开文件
- Ctrl + S：保存文件
- Ctrl + F7：编译文件
- F7：连接文件
- Ctrl + F5：运行文件
- F9：将光标所在行位置设置为断点
- F5：调试运行到断点
- F10：不进入函数内部调试
- F11：进入函数内部调试
- Shift + F5：中断调试

1.3.3 Win-TC 2.0 集成开发环境与 C 语言程序的上机操作

与 Visual C ++ 6.0 不同的是，Win-TC 2.0 不支持中文。Win-TC 2.0 与 Turbo C 2.0 集成开发环境类似，但可以在 Windows 环境下使用，并可以使用鼠标。

一、安装与启动 Win-TC 2.0

运行软件中的 setup. exe 程序，然后按照安装程序的指示，完成安装过程。

安装完成后，在开始菜单的程序中，可以看到 Win-TC 2.0 图标，选择 Win-TC 2.0 图标即可运行；也可以在 Windows 桌面上建立一个快捷方式，双击即可进入 Win-TC 2.0 运行环境。

二、用 Win-TC 2.0 建立并运行 C 语言应用程序的步骤

1. 新建文件

打开 Win-TC 2.0 后，选菜单“文件/新建文件”，如图 1-9 所示。

2. 输入源程序

Win-TC 2.0 输入程序时与 Visual C ++ 6.0 的区别是，main() 函数里的最后一行一定要加上语句：

```
getch();
```

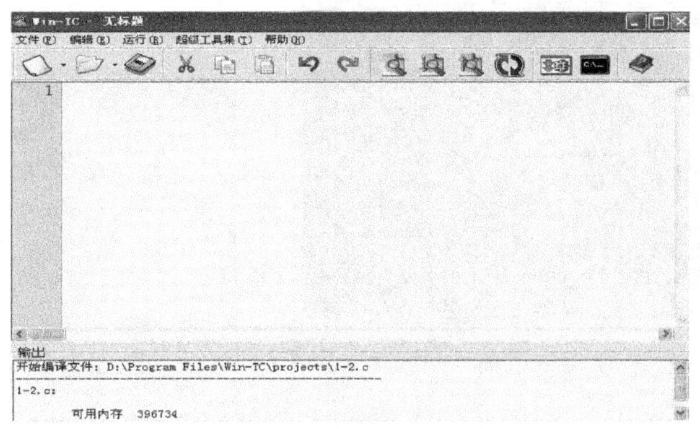

图1-9　新建文件对话框

这是为了能在屏幕上看到显示的内容，如图1-10所示。

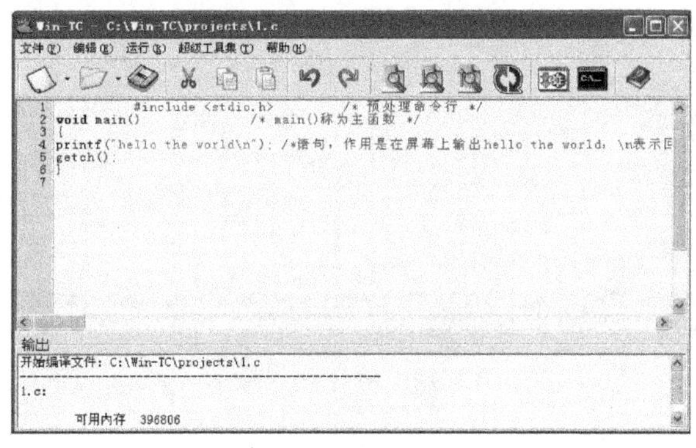

图1-10　输入源程序

3. 编译、连接、运行

选择“运行”菜单下的“编译连接”（或按快捷键F9）或者选择“运行”菜单下的“编译连接并运行”（或按快捷键Ctrl + F9），如果程序正确，则会出现编译成功提示框，如图1-11所示。

图1-11　编译成功提示框

如果程序编译正确，单击“确定”按钮后程序运行结果如图1-12所示。

如果程序编译有错，则会出现编译错误提示框，如图1-13所示。

单击“确定”按钮后，会在程序下方出现错误提示，如图1-14所示。

4. Win-TC 2.0中使用的一些快捷键

- 新建文件：Ctrl + N
- 打开文件：Ctrl + O
- 保存文件：Ctrl + S
- 编译连接：F9
- 编译连接并运行：Ctrl + F9

图 1-12　程序运行结果

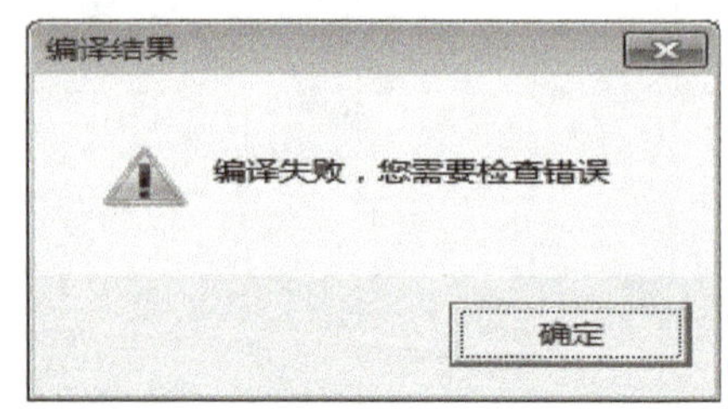

图 1-13　编译错误提示框

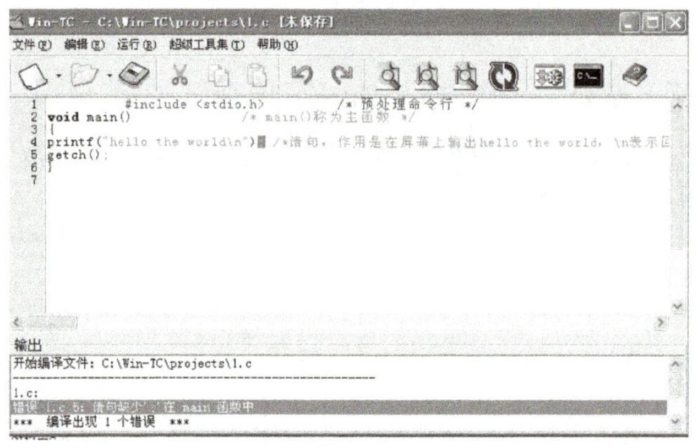

图 1-14　程序错误提示

5. 使用 Win-TC 2.0 要注意的地方

在程序的最后要加上语句“getch();”才可以看到程序运行结果，否则程序运行结果会在屏幕上一闪而过。

【任务实施】

解题思路：前面我们学会了如何开发“hello the world”程序，这个程序除了帮助我们掌握和理解 C 语言程序的开发步骤外，还可以帮助我们来设计其他一些字符界面。字符界面主要用语句“printf ("\n");”来实现，注意“\n”换行符的使用。

```
#include <stdio.h>
void main()
{
printf(" ==大学生信息查询系统==\n");
printf(" -----------------------\n");
printf("1、学生姓名:\n");
printf("2、学生性别:\n");
printf("3、学生生日:\n");
printf("4、学生专业:\n");
printf("5、学生年级:\n");
```

```
printf("6、学生院系:\n");
printf("            0、退出系统\n");
printf(" ------------------------ \n");
printf("请您选择要查询的信息(0 --6)\n");
}
```

程序运行结果如图 1-15 所示。

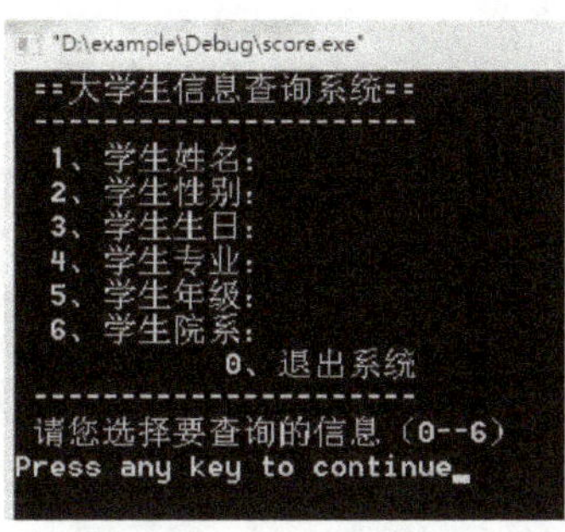

图 1-15　程序运行结果

【练一练】　利用 printf()函数来设计超市购物小票。参考程序如下:

```
#include < stdio. h >
void main()
{
  printf("欢迎光临 *** 购物中心\n");
  printf("您本次购物清单如下:\n");
  printf(" ============================ \n");
  printf("  商品编号      商品名称      数量    单价     合计\n");
  printf("  a000010       可口可乐       1      3. 50    3. 50 \n");
  printf("  a000011       奥妙洗衣粉     2      4. 50    9. 00 \n");
  printf("                                       总计 12. 5 元\n");
  printf(" =========================== \n");
  printf("谢谢惠顾,欢迎下次再来! \n");
}
```

运行结果如图 1-16 所示。

```
欢迎光临***购物中心
您本次购物清单如下:
=========================
 商品编号         商品名称        数量       单价     合计
 a000010           可口可乐        1          3.50     3.50
 a000011          奥妙洗衣粉       2          4.50     9.00
                                             总计 12.5元
=========================
谢谢惠顾, 欢迎下次再来!
Press any key to continue
```

图 1-16　超市购物小票程序运行结果

小　结

本单元介绍了 C 语言程序的起源、特点和应用领域，然后通过简单程序来介绍 C 语言程序的结构和特点，用大量的篇幅详细介绍 C 语言程序的上机指导，也就是以“hello the world”为例讲解程序开发的过程。最后给出了任务实施方案，并配备难度相当的小练习。

习题 1

一、选择题

1. 对于一个正常的 C 语言程序，以下叙述中正确的是（　　）。

A. 程序的执行总是从 main( ) 函数开始，到 main( ) 函数结束

B. 程序的执行总是从第一个函数开始，到最后一个函数结束

C. 程序的执行总是从第一条语句开始，到最后一条语句结束

D. 程序的执行总是从 main( ) 函数开始，到最后一个函数结束

2. 一个 C 语言程序是由（　　）。

A. 一个主程序和若干子程序组成　　B. 若干过程组成

C. 一个或多个函数组成　　D. 若干子程序组成

3. 下列说法正确的是（　　）。

A. C 语言程序书写格式限制严格，一行内必须写一个语句

B. C 语言程序书写比较自由，一个语句可以分行写在多行上

C. C 语言程序书写格式限制严格，要求一行内必须写一个语句，并要求行号

D. C 语言程序中一个语句不可以分写在多行上

4. C 语言源程序经过编译和连接后生成可执行文件，可执行文件的后缀是（　　）。

A. . obj　　B. . exe　　C. . c　　D. . cpp

5. 下列叙述中错误的是（　　）。

A. 计算机不能直接执行用 C 语言编写的源程序

B. C 语言程序经编译后，生成后缀为 . obj 的文件是一个二进制文件

C. 后缀为 . obj 的文件，经连接程序生成后缀为 . exe 的文件是一个二进制文件

D. 后缀为 . obj 和 . exe 的二进制文件都可以直接运行

6. 用 C 语言编写的代码程序（　　）。

A. 可立即执行　　B. 是一个源程序

C. 经过编译即可执行　　D. 经过编译才能执行

7. 下列说法正确的是（　　）。

A. 在书写 C 语言源程序时，每条语句以逗号结束

B. 注释时，“/”和“*”号间可以有空格

C. 无论注释内容有多少，在对程序编译时都会被忽略

D. C语言程序每行只能写一个语句

二、填空题

1. 在C语言程序中，语句结束的标点符号是__________。

2. 一个C语言程序必须有而且只能有一个主函数，它的函数名为________。

3. 在C语言程序中，头文件的扩展名是__________。

4. 开发一个C语言程序要经过编辑、编译、__________和运行四个步骤。

三、编程题

编写一个C语言程序，要求输出以下信息：

```
***************
  How are you!
***************
```

单元 2

数据类型、运算符和表达式

【教学目的】

本单元主要学习标识符、关键字、常量、变量、数据类型、运算符、表达式和数据类型转换等知识点。要求能熟练掌握C语言变量的定义和使用，能够灵活运用各种运算符及相应表达式，理解各种数据类型在内存中的占用情况及各种数据类型的转换规律，为学好C语言程序设计打下基础。

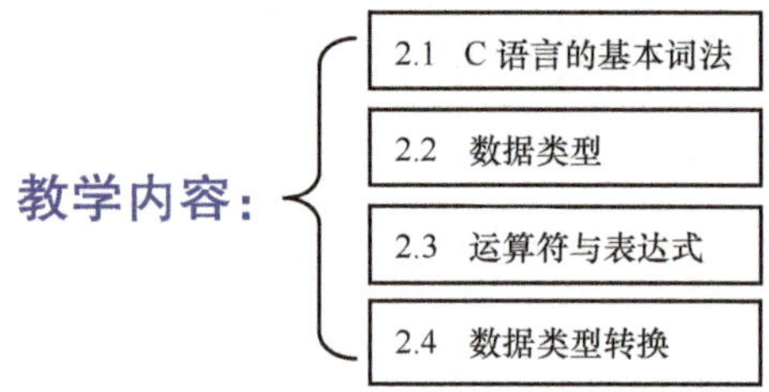

【重点难点】

重点：

① C语言的基本词法；

② 变量的定义及使用；

③ 各种运算符与表达式的使用。

难点：

① 自增与自减运算符的使用；

② 数据类型的转换。

任务 求一个三位数的个位、十位、百位上的数字之和

【任务描述】

给定任意一个三位数，求出其个位、十位、百位上的数字之和。

【关键知识点】

运算符及其表达式的使用。

【相关知识】

2.1　C 语言的基本词法

C 语言作为计算机的一种程序设计语言，有它自己允许使用的字符集、标识符和关键字，也有自己的各种规则和词法，只有学习和遵守它们，才可以写出符合要求的程序。

2.1.1　字符集

允许出现在 C 语言程序中的所有字符的总体，称为 C 语言的字符集。它由数字、英文字母、空白符及其他特殊符号等组成。

- 数字：即十进制的数字 0、1、2、…、9。
- 英文字母：26 个大写英文字母 A、B、C、…、X、Y、Z，26 个小写字母 a、b、c、…、x、y、z。
- 空白符：空格符、换行符、制表符。
- 特殊字符：+　-　*　/　<　>　( )　[ ]　{ }　_　=　!　#　%　.　,　;　:　'　""　| &　?　$　^　\　~

2.1.2　标识符及其构成规则

标识符就是用来表示变量名、符号常量名、函数名、类型名、文件名等的名称，它只能由字母、数字和下划线三种字符组成，且第一个字符必须为字母或下划线。

合法标识符：_22A、lea_1、avg3、day、ABCde43xyw8。

不合法标识符：M. J. YORK、$_238、#xy、a * b、8Tea。

注意：在 C 语言中，大小写字母不等效。因此，a 和 A、I 和 i、Sum 和 sum，分别是两个不同的标识符。

标识符分为系统定义标识符和用户定义标识符，其中系统定义标识符是具有固定名字和特定含义的标识符，它又分为关键字和预定义标识符。

1. 关键字

关键字指具有特定含义的标识符，用户不能用来作自定义标识符，也就是关键字不能作为变量、函数、常量、标号来使用，用户只能根据系统的规定来使用它们。由 ANSI 标准推荐的关键字有 32 个。

① 与数据类型有关的：int、char、float、double、short、long、void、signed、unsigned、enum、struct、union、const、typedef、volatile、sizeof。

② 与存储类别有关的：auto、static、register、extern。

③ 与程序控制结构有关的：break、case、continue、default、do、else、for、goto、if、return、switch、while。

关键字必须用小写字母，不允许使用关键字为变量、数组、函数等操作对象命名。

2. 预定义标识符

① 系统标准库函数：scanf、printf、putchar、getchar、strcpy、strcmp、sqrt 等。

② 编译预处理命令：include、define 等。

2.2 数据类型

数据类型是指数据的内在表现形式。不同的数据类型在内存中的存储方式不同，在内存中所占的字节数也不同。在 C 语言中，经常用到的各种类型数据如图 2-1 所示。

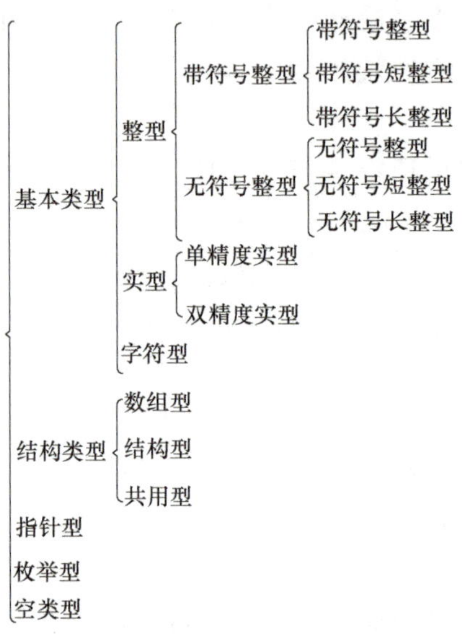

图 2-1 C 语言的各种数据类型

从图 2-1 中可以看出，在基本类型中，虽然把整型数据分成带符号整型和无符号整型两种，这两类又各有短和长之分，但日常所说的整数就是指整型数据。实型被分为单精度实型和双精度实型，日常所说的实数就是指实型数据。之所以要这样细分，主要是考虑到能够用不同数目的内存字节来保存它们，这样既能满足我们对数据处理的要求，也能达到节约宝贵内存资源的目的。

不同类型数据所占用的内存区域大小是不同的，这个区域的字节数被称为是这种数据类型的长度。表 2-1 列出了 C 语言中基本数据类型的长度。

表 2-1 基本数据类型长度

基本数据类型	占用字节数（长度）	数的范围
int	4	$-2^{31} \sim (2^{31}-1)$
short int	2	$-32768 \sim 32767$ 即 $-2^{15} \sim (2^{15}-1)$
long int	4	$-2147483648 \sim 2147483647$ 即 $-2^{31} \sim (2^{31}-1)$
unsigned int	4	$0 \sim (2^{32}-1)$
unsigned short	2	$0 \sim 65535$ 即 $0 \sim (2^{16}-1)$
unsigned long	4	$0 \sim 4294967295$ 即 $0 \sim (2^{32}-1)$
float	4	$3.4 \times 10^{-38} \sim 3.4 \times 10^{38}$
double	8	$1.7 \times 10^{-308} \sim -1.7 \times 10^{308}$
long double	16	$10^{-4931} \sim 10^{4932}$
char	1	$-128 \sim 127$
unsigned char	1	$0 \sim 255$

表 2-1 是以 16 位计算机为例，而 VC ++6.0 运行于 32 位计算机环境中，以下程序是在 32 位计算机环境下输出表 2-1 中各数据所占内存空间的字节数，其中，sizeof( )函数用来返回指定的数据类型占用的内存空间字节数，运行结果如图 2-2 所示。

```
#include "stdio.h"
void main( )
{
   printf("int:%d\n",sizeof(int));
   printf("short int:%d\n",sizeof(short int));
   printf("unsigned int:%d\n",sizeof(unsigned int));
   printf("unsigned short int:%d\n",sizeof(unsigned short int));
   printf("unsigned long int:%d\n",sizeof(unsigned long int));
   printf("float:%d\n",sizeof(float));
   printf("double:%d\n",sizeof(double));
   printf("char:%d\n",sizeof(char));
}
```

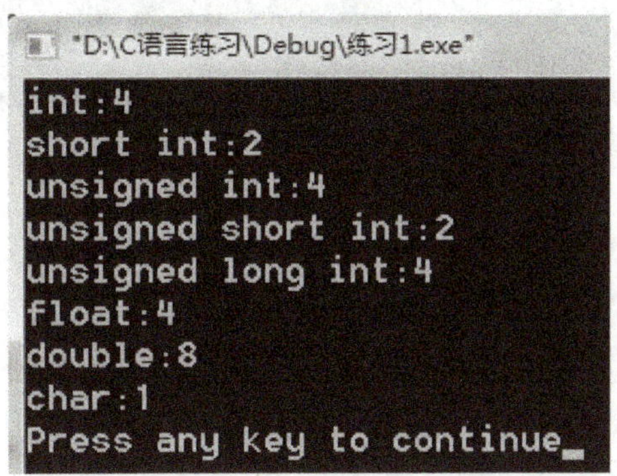

图 2-2　用 VC ++6.0 运行各数据类型占的内存大小

从上面的程序中可以看出，对于不同的编译系统，C 语言中各数据类型所占的内存大小也是不同的。

2.2.1　常量

C 语言中的数据有常量和变量之分。常量又称常数，是指在程序运行中，其值不能被改变的量。

常量可分为不同的类型，常用的有：整型常量、实型常量、字符型常量、字符串常量、符号常量。

1. 整型常量

整型常量是由一个或多个数字组成，可以有正、负号，但不能有小数点，整型常量有三种表示方法。

1）十进制整数：与数学上的整数表示相同，如 1234、 -12、0。

2）八进制整数：在数码前加数字 0，如 011 表示八进制数的 $(11)_8$。

3）十六进制整数：在数码前加 0x（此处的 x 也可以是大写的 X），如 0x12 就表示十六进制的 $(12)_{16}$。

【例 2-1】 三种进制表示方法的转换。

```
#include"stdio.h"
main()
  {
    int x=1246,y=01246,z=0x1246;
    printf("%d,%d,%d\n",x,y,z);        /*%d:以十进制格式符输出*/
    printf("%o,%o,%o\n",x,y,z);        /*%o:以八进制格式符输出*/
    printf("%x,%x,%x\n",x,y,z);        /*%x:以十六进制格式符输出*/
  }
```

程序输出结果如图 2-3 所示：

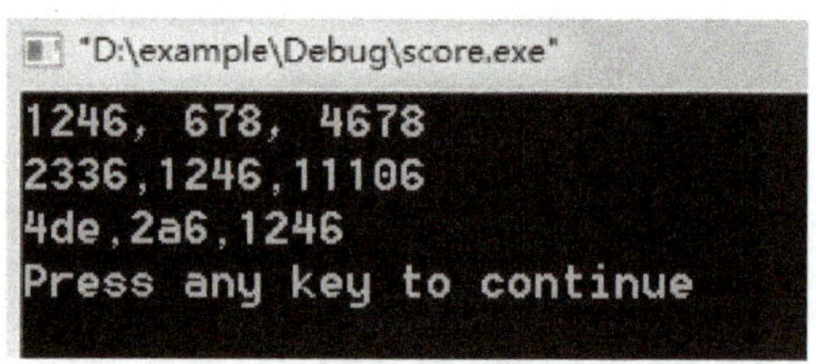

图 2-3 【例 2-1】运行结果

2. 实型常量

C 语言实型常量只使用十进制表示，有以下两种表示形式。

1）小数表示法：由正负号、整数部分、小数点、小数部分组成，如 3.14159、-7.21 等。另外，小数点前后的 0 是可以省略的，如 .96 和 6. 分别是 0.96 和 6.0 的略写形式，但是不能出现只有小数点而没有数字的形式。

2）指数表示法：由正负号、整数部分、小数点、小数部分和字母 E 或 e 后面带正负号的整数组成，如十进制数 $180000=1.8\times10^5$ 用指数法可以表示为 1.8e5，其中，1.8 称为尾数，5 称为指数。

值得注意的是，e 或 E 的两边必须有数，且其后面必须为整数，如 6E0.2 这样表示就是错误的。

一个实数可以有多种指数表示形式。例如，123.456 可以表示为 123.456e0、12.3456e1、1.23456e2、0.123456e3、0.0123456e4 等，但只能把 1.23456e2 称为规范化的指数形式，即科学计数法。也就是在字母 e 或 E 之前的小数部分中，小数点左边应有一位且只有一位非零的数字。

【例 2-2】 分析下列程序的输出结果。

```
#include <stdio.h>
main()
{
```

```
    float x,y;
    x = 123456.789e5;
    y = x + 20;
    printf("x = %f,y = %f\n",x,y);       /* %f 为实型输出格式符 */
    printf("x = %e,y = %e\n",x,y);       /* %e 为指数实型输出格式符 */
}
```

运行结果如图 2-4 所示。

```
"D:\example\Debug\score.exe"
x=1234560.000000,y=1234580.000000
x=1.234560e+006,y=1.234580e+006
Press any key to continue
```

图 2-4 【例 2-2】运行结果

3. 字符型常量

字符型常量是由一对单引号括起来的一个字符，在内存中占 1 个字节。例如 'A'、'b'、'2'、'%'、';' 等都是有效的字符型常量。

一个字符型常量的值是在字符集中对应的 ASCII 编码值（参见附录 B）。例如，字符型常量 '0' ~ '9' 对应的 ASCII 编码值是 48 ~ 57。显然字符型常量 '0' 与数字 0 是不同的，这是初学者容易混淆的一点，具体可以参看附录 B。

【例 2-3】 从键盘输入小写字母，要求输出对应的大写字母。

```
#include <stdio.h>
void main()
{
    char a;
    printf("请输入小写字母");
    scanf("%c",&a);                 /* %c 为字符型输出格式符 */
    printf("大写字母是:%c",a-32);
}
```

输出结果如图 2-5 所示。

图 2-5 【例 2-3】运行结果

C 语言中还允许用一种特殊形式的字符型常量，即以反斜杠字符“\”开头的字符序列。前面 printf() 函数中的“\n”，代表一个回车换行符。这类字符称为转义字符，意思是将反斜杠“\”后面的字符转换成另外的意义。表 2-2 给出了 C 语言中的转义字符表。

表 2-2 转义字符表

转义字符	ASCII 码	字　符	含　义
\0	0	NULL	表示字符串结束
\n	10	NL（LF）	换行，将当前光标移到下一行的开头
\t	9	HT	水平制表
\v	11	VT	垂直制表
\b	8	BS	左退一格
\r	13	CR	回车，将当前光标移到本行的开头
\f	12	FF	换页
\'	39		单引号
\"	34		双引号
\\	92	\	反斜线
\ddd			1 至 3 位八进制数所代表的字符
\xhh			1 至 2 位十六进制数所代表的字符

注意：特殊转义字符必须是小写字母。

【例 2-4】 转义字符的使用。

```
#include <stdio.h>
void main()
{
    printf("********************\n");
    printf("abc\tde\babc\n");
    printf("abcdea\rbcde\n");
    printf("\x3\x3\x3\x3\x3\x3\x3\x3\x3\x3\x3\x3\x3\x3\x3\x3\x3\n");
}
```

程序运行结果如图 2-6 所示。

图 2-6 【例 2-4】运行结果

分析：printf()函数中双引号中的 \t 表示跳到下一个制表符位置输出，一个制表符宽度默认是 8 个字符，所以在第 9 个字符位置输出字符 'd'；\b 表示删除前面一个字符 'e'；\n表示回车换行；\r 表示回车，将当前光标移到本行的开头；\x3 表示以十六进制形式输出特殊字符心形符号。

4. 字符串常量

字符串常量是用一对双引号括起来的字符序列，例如"program"、"A"、"book" 都是字符串常量，双引号起定界符的作用。若字符序列长为 N，则在内存占用 N+1 个内存单元，字符串常量在内存中存储时，系统自动加上串尾标记 '\0'。

因为 C 语言中规定字符串常量以字符 '\0'（其 ASCII 码值为 0）作为结束标志，系统将根据该字符判断字符串是否结束。对于字符串"CHINA"，它在内存中实际存放的形式如图 2-7 所示。其长度是 6 个字节，而不是 5 个字节。字符 '\0' 所对应的 ASCII 值为 0，即空字符。注意：平时在书写字符串时，不必在末尾加 '\0'。

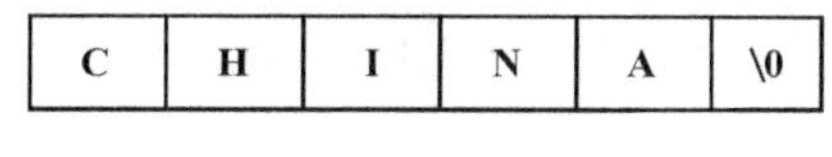

图 2-7　字符串的存储

字符型常量 'm' 和字符串常量"m" 虽然都是只有一个字符，但在内存中的存储情况是不同的。

字符型常量 'm' 在内存中占 1 个字节，可表示为：| m |。

字符串常量"m" 在内存中占 2 个字节，可表示为：| m | \0 |。

5. 符号常量

C 语言中用一个特定的符号来代替一个常量或代替一个较为复杂的字符串，这个符号称为符号常量。它通常由宏定义命令#define 来定义，这就是常用的宏定义。C 语言编译系统在编译前将这些符号常量替换成所定义的字符串，因此宏定义属于编译预处理命令。符号常量一般用大写字母表示，以便与其他标识符相区别，符号常量的一般定义形式：

#define　符号常量　常量（或“字符串”）

其中，符号常量称为宏名，一个#define 命令只能定义一个符号常量。因为它不是语句，所以结尾不用加分号，例如：

#define PI 3.1415926

这里的 PI 就是宏名，它代表数值 3.1415926，预编译时将源程序中所有宏名 PI 出现的位置都用数值 3.1415926 来替换。

【例 2-5】　计算圆的面积、周长。

```
#include <stdio.h>
#define PI 3.14                         /*宏定义行*/
void main()
{
  float r,c;
  double area;
  printf("输入圆的半径:");
```

```
    scanf("%f",&r);
    area = PI * r * r;                    /*计算时用3.14代替PI*/
    c =2 * PI * r;                        /*计算时用3.14代替PI*/
    printf("圆的面积是%f 周长是%f\n",area,c);
}
```

程序运行结果如图 2-8 所示。

图 2-8 【例 2-5】运行结果

使用符号常量的优点如下：

① 增强可读性。在程序中定义一些具有一定意义的符号常量，能起到“见名知义”的作用。

② 简化输入程序。使用符号常量代替一个字符串，可以减轻程序中重复书写某些字符串的工作量。

③ 增强程序的通用性和可维护性。如果一个程序中有多处使用同一个常量，这时，可把该常量定义为一个符号常量。若需要修改该常量，则只需要在定义处修改即可。可以做到一改全改，避免出现修改不完全或遗漏等错误。

2.2.2 变量

变量是指在程序运行过程中其值可以被改变的某个标识符。一个变量应有一个名称，在内存中占据一定的存储空间。C 语言中的变量可以分为以下几种类型，如图 2-9 所示。

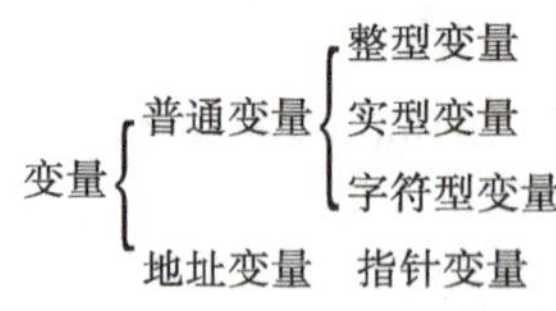

图 2-9 变量的分类

在 C 语言中，无论使用哪一种类型变量，都要“先定义，后使用”。所谓定义，是给程序中用到的变量定义一个类型，即取值范围，一般放在函数的开头部分。定义时系统会为变量分配固定的内存，按照变量名对其进行访问。变量有三个要素：

① 变量名——每个变量都必须有一个名字，就是变量名（也称变量标识符），变量命名遵循标识符命名规则；

② 变量值——就是存放在变量对应存储空间中的数据的值。在程序运行过程中，变量值存储在内存中；

③ 变量地址——就是变量对应存储空间的首地址。

变量定义的一般格式：

数据类型　变量名 1，变量名 2，……；

比如：

```
int x,y,z;                          /*定义 x、y、z 三个变量为整型变量*/
```

变量初始化指的是在定义变量的同时进行赋初值的操作。变量初始化的一般格式如下：

数据类型　变量名 1 = 初值 1，变量名 2 = 初值 2，……；

比如：

```
float radius =2.5,length,area;      /*定义 radius、length、area 三个变量为单精度实
                                      型变量,并为 radius 赋初值 2.5*/
```

1. 整型变量

整型变量的基本类型说明符为 int。根据数值的范围，可将整型变量分为整型、短整型、长整型和无符号整型。不同类型的整型数据可以混合进行算术运算。

【例 2-6】　简单的算术运算。

```
#include  <stdio.h>
main()
{
int a,b,s1,s2;                          /*定义 a、b、s1、s2 为整型变量*/
unsigned int x =20;                     /*定义 x 为无符号整型变量并赋初值 20*/
a =10;b = -30;                          /*给变量 a、b 分别赋初值*/
s1 =a +x;                               /*进行计算,结果赋给变量 s1*/
s2 =b +x;                               /*进行计算,结果赋给变量 s2*/
printf("a +x =%d,b +x =%d\n",s1,s2);    /*"a +x = ,b +x ="字符串原样输出,%d
                                          是按整型格式输出变量 s1、s2 的值,\n
                                          是输出数据后换行*/
}
```

程序运行结果如图 2-10 所示。

```
a+x=30,b+x=-10
Press any key to continue
```

图 2-10　【例 2-6】运行结果

2. 实型变量

实型变量又称浮点型变量，按能够表示数的小数点后的精度，C 语言实型变量分为以下三种：

① 单精度型：用 float 表示，在内存占用 4 个字节，有效数字 6 ~7 位。

② 双精度型：用 double 表示，在内存占用 8 个字节，有效数字 15 ~16 位。

③ 长双精度型：用 long double 表示，在内存占用 16 个字节，有效数字 18 ~19 位。

其定义方式如下：

```
float a,b;              /* 定义单精度变量 a、b */
double c,d;             /* 定义双精度变量 c、d */
```

单精度型变量和双精度型变量之间的差异仅仅体现在所能表示的数的精度上。一般单精度型数据占 4 个字节，有效位为 7 位，数值范围为 $10^{-38} \sim 10^{38}$，而双精度型数据占 8 个字节，有效位为 15 ~ 16 位，数值范围为 $10^{-308} \sim 10^{308}$。

【例 2-7】 实型数据的输出比较。

```
#include <stdio.h>
main()
{
    float a;
    double b;
    a =123456.111;
    b =123456.111;
    printf("a = %f,b = %lf\n",a,b);          /* %f 是 float 型的数据输出格式符,%lf 是
                                                double 型的数据输出格式符 */
}
```

程序运行结果如图 2-11 所示。

```
a=123456.109375,b=123456.111000
Press any key to continue
```

图 2-11 【例 2-7】运行结果

从运行结果可以看到，a 的输出结果和原始数值有误差，这是因为单精度实型数据的有效位只有 7 位，而整数就占了 6 位，因此小数点后面一位之后的都是无效数字，而 b 是双精度实型，有效位为 16 位，但是 C 语言规定小数点后面最多保留 6 位，其余部分四舍五入。

由于实型数据有误差，所以在编写程序时应该尽量避免一个很大的数和一个很小的数直接相加减，否则将会“丢失”很小的数。

【例 2-8】 不同类型数据的输出比较。

```
#include <stdio.h>
main()
{
    int i =32767;short s =32767;long l =2147483647;
    unsigned ui =65535;unsigned short us =65535;
    unsigned long ul =4294967295;
    char c ='c';unsigned char uc =99;float f =0.23f;
    double d =0.7E-3;long double ld =1.23456789E15;
    printf("整型变量 i = %d",i);
    printf("\n 短整型变量 s = %d",s);
```

```
    printf("\n 长整型变量 l = %ld",l);
    printf("\n 无符号整型变量 ui = %d",ui);
    printf("\n 无符号短整型变量 us = %d",us);
    printf("\n 无符号长整型变量 ul = %ld",ul);
    printf("\n 字符型变量 c = %c",c);
    printf("\n 无符号字符型变量 uc = %c",uc);
    printf("\n 单精度浮点型变量 f = %f",f);
    printf("\n 双精度浮点型变量 d = %f",d);
    printf("\n 长双精度浮点型变量 ld = %f\n",ld);
}
```

运行结果如图 2-12 所示。

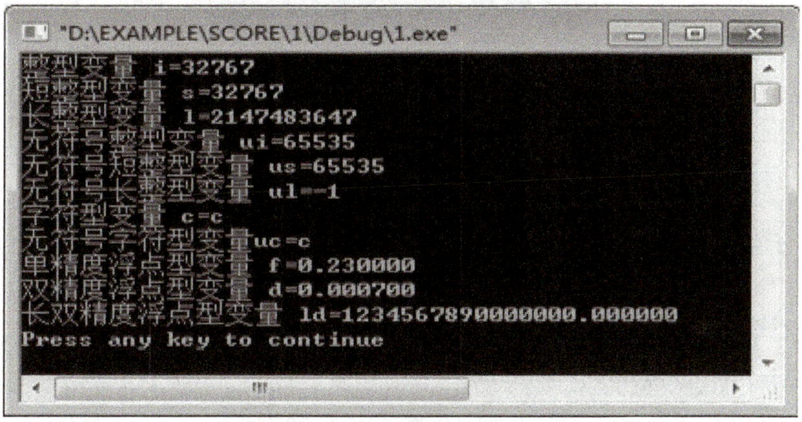

```
"D:\EXAMPLE\SCORE\1\Debug\1.exe"
整型变量 i=32767
短整型变量 s=32767
长整型变量 l=2147483647
无符号整型变量 ui=65535
无符号短整型变量 us=65535
无符号长整型变量 ul=-1
字符型变量 c=c
无符号字符型变量uc=c
单精度浮点型变量 f=0.230000
双精度浮点型变量 d=0.000700
长双精度浮点型变量 ld=1234567890000000.000000
Press any key to continue
```

图 2-12　【例 2-8】运行结果

3. 字符型变量

一个字符型变量用来存放一个字符，在内存中占一个字节。实际上，将一个字符常数赋值给一个字符变量，并不是把该字符本身放到内存单元中去，而是将该字符对应的 ASCII 值（整数）存放到内存单元中。因此，字符型数据也可以像整型数据那样使用，用来表示一些特定范围内的整数。

【例 2-9】 字符型数据与整型数据的互相赋值运算。

```
#include <stdio.h>
main()
{
    char c1,c2;
    c1 = 'a';
    c2 = 'A';
    printf("c1 原来的值是:%c\nc2 原来的值是:%c\n",c1,c2);
    printf("c1 原来对应的整数是:%d\nc2 原来对应的整数是:%d\n",c1,c2);
```

```
    c1 = c1 - 32;
    c2 = c2 + 32;
    printf("c1 转换成大写字母为:%c\nc2 转换成小写字母为:%c\n",c1,c2);
    printf("c1 变化之后的整数是:%d\nc2 变化之后的整数是:%d\n",c1,c2);
}
```

程序运行结果如图 2-13 所示。

```
c1原来的值是: a
c2原来的值是: A
c1原来对应的整数是: 97
c2原来对应的整数是: 65
c1转换成大写字母为: A
c2转换成小写字母为: a
c1变化之后的整数是: 65
c2变化之后的整数是: 97
Press any key to continue_
```

图 2-13 【例 2-9】运行结果

2.3 运算符与表达式

C 语言中的运算符十分丰富，范围很广，常用的 C 语言中的运算符有以下几类：

1）算术运算符：包含 +、-、*、/、%、++、--等。

2）关系运算符：包含 <、<=、>、>=、==、!=等。

3）逻辑运算符：包含 &&、‖、! 等。

4）赋值运算符：包含 =、+=、-=、*=、/=、%=等。

5）指针运算符：包含 *、& 等。

6）条件运算符：只有?：一种。

7）逗号运算符：只有，一种。

8）位运算符：包含 &、|、~、∧、<<、>>等。

9）求字节运算符：sizeof。

10）分量运算符：包含 .、->等。

11）下标运算符：[ ]。

由于 C 语言的运算符多，使用时变化非常丰富，所以 C 语言规定了运算符的优先级和结合性。当一个表达式中有多个运算符参加运算时，将按不同的先后次序进行运算。这种计算的先后次序称为运算符的优先级。

结合性是指，当一个操作数两侧的运算符具有相同优先级时，该操作数是先与左边还是先与右边的运算符结合进行运算。从左至右的结合方向，称为左结合性。反之，称为右结合性。

结合性是 C 语言的独有概念。除单目运算符、赋值运算符和条件运算符是右结合性外，其他运算符都是左结合性。C 语言的运算符优先级与结合性见表 2-3。

表 2-3　运算符优先级与结合性

<table>
<tr><th>优先级</th><th>运　算　符</th><th>含　　义</th><th>运算类型</th><th>结合性</th></tr>
<tr><td>1</td><td>()
[]
—>
.</td><td>圆括号
下标运算符
指向结构体成员运算符
结构体成员运算符</td><td>单目</td><td>自左向右</td></tr>
<tr><td>2</td><td>!
~
++　--
+-
*
&
sizeof</td><td>逻辑非运算符
按位取反运算符
自增、自减运算符
正、负号运算符
指针运算符
地址运算符
求字节数（长度）运算符</td><td>单目</td><td>自右向左</td></tr>
<tr><td>3</td><td>*　/　%</td><td>乘、除、求余运算符</td><td>双目</td><td>自左向右</td></tr>
<tr><td>4</td><td>+　-</td><td>加、减运算符</td><td>双目</td><td>自左向右</td></tr>
<tr><td>5</td><td><<
>></td><td>左移运算符
右移运算符</td><td>双目</td><td>自左向右</td></tr>
<tr><td>6</td><td><　<=　>　>=</td><td>关系运算符</td><td>双目</td><td>自左向右</td></tr>
<tr><td>7</td><td>==　!=</td><td>关系运算符等于、不等于</td><td>双目</td><td>自左向右</td></tr>
<tr><td>8</td><td>&</td><td>按位与运算符</td><td>双目</td><td>自左向右</td></tr>
<tr><td>9</td><td>^</td><td>按位异或运算符</td><td>双目</td><td>自左向右</td></tr>
<tr><td>10</td><td>|</td><td>按位或运算符</td><td>双目</td><td>自左向右</td></tr>
<tr><td>11</td><td>&&</td><td>逻辑与运算符</td><td>双目</td><td>自左向右</td></tr>
<tr><td>12</td><td>||</td><td>逻辑或运算符</td><td>双目</td><td>自左向右</td></tr>
<tr><td>13</td><td>?:</td><td>条件运算符</td><td>三目</td><td>自右向左</td></tr>
<tr><td>14</td><td>=　+=　-=　*=
/=　%=　<<=　>> =
&=　∧=　|=</td><td>赋值运算符</td><td>双目</td><td>自右向左</td></tr>
<tr><td>15</td><td>,</td><td>逗号运算</td><td></td><td>自左向右</td></tr>
</table>

2.3.1　算术运算符及其表达式

1. 基本算术运算符

C 语言的基本算术运算符有 5 种，分别是：

◆ +：两数相加或取正值运算，如 2 +3、 +5。

◆ -：两数相减或取负值运算，如 6 -3、 -2。

◆ *：两数相乘，如 2 * 3。

◆ /：两数相除，如 6/3 值为 2，7/3 值为 2，当分子分母都为整数时结果也为整数，小数部分舍去。

◆ %：模除运算符或称取余运算符，% 两边的数须是整数，如 9%5 的值为 4、6%2 的值为 0。

使用中应注意：

1）两个整数相除，结果为整数，如 5/3 为 1；

2）除数、被除数有一个为负数时，结果“向零取整”，如 5/ -3 = -1；

3）除数、被除数有一个实数时，结果为实型，如 7.0/2 值为 3.5；

4）取余运算符余数的符号与被除数的符号相同，如 -7%4 = -3，7% -4 =3， -7% -4 = -3。

【例 2-10】 算术运算符使用。

```
#include <stdio.h>
void main()
{
    printf("22 +33 = %d\n",22 +33);
    printf("66 -55 = %d\n",66 -55);
    printf("11 * 5 = %d\n",11 * 5);
    printf("33/6 = %d\n",33/6);
    printf("33.0/6 = %f\n",33.0/6);
    printf("33/6.0 = %f\n",33/6.0);
    printf("15/4 = %d\n",15/4);
    printf("15/( -4) = %d\n",15/( -4));
    printf("( -15)/4 = %d\n",( -15)/4);
    printf("( -15)/( -4) = %d\n",( -15)/( -4));
    printf("15%%4 = %d\n",15%4);    /* 为输出时能打印出“15%4”而安排了两个
                                      “%”,如果只放一个“%”,C 语言就认为它
                                      是以“%”开头的格式说明符,而 printf ()就
                                      无法正确工作 */
    printf("15%%( -4) = %d\n",15%( -4));
    printf("( -15)%%4 = %d\n",( -15)%4);
    printf("( -15)%%( -4) = %d\n",( -15)%( -4));
}
```

程序运行结果如图 2-14 所示。

2. 基本算术表达式及算术运算符的优先级

用基本算术运算符和圆括号将运算对象连接起来，组成一个符合 C 语言语法的式子，这样的式子就是算术表达式。运算对象可以是常量、变量、函数，如：

123 + 'a' * 78%12-65；

a + b%c * e + 1.5/4；

都是合法的算术表达式。

C 语言中基本算术运算符的优先级由高到低依次为：正、负（+、-）→乘、除、取

余（*、/、%）→加、减（+、-）。

运算顺序：确定符号后，先算乘除后算加减，有圆括号的先算圆括号，对于同一级运算，则按从左到右的顺序进行。如算术表达式：(3+5)*6%17+7 的计算方法为先算 3+5 为 8，然后 8*6 为 48，接着计算 48%17 为 14，再计算 14+7 的值为 21。

```
22+33=55
66-55=11
11*5=55
33/6=5
33.0/6=5.500000
33/6.0=5.500000
15/4=3
15/(-4)=-3
(-15)/4=-3
(-15)/(-4)=3
15%4=3
15%(-4)=3
(-15)%4=-3
(-15)%(-4)=-3
Press any key to continue
```

图2-14 【例2-10】运行结果

3. 自增、自减运算符

自增（++）运算符使变量增1，自减（--）运算符使变量减1，如 i++、++i、i-- 和 --i，类似于 i=i+1、i=i-1，但又不同。对于自增与自减运算符，又分为前置运算与后置运算。

1）前置运算：形式为 ++i 和 --i。++或--放在变量i前，将变量i的值先增1或减1，再将该变量的新值用于表达式。

2）后置运算：形式为 i++ 和 i--。++或--放在变量i后，先将变量i的值用于表达中，再将该变量的值增1或减1。

对于前置与后置运算，可以用下面两种情况进行说明，假定 a 的初始值为 5。

1）b = ++a;　　　　/*等价于 a=a+1; b=a; */

则表达式的值为6，且 a=6，b=6。

2）b=a++;　　　　/*等价于 b=a; a=a+1; */

则表达式的值为5，且 a=6，b=5。

自增与自减运算符应注意以下几点：

① 自增与自减只能是对变量进行操作，不能对常量和表达式进行自增自减，如 8--、(x*y)++ 是错误的。

② 自增自减的结合方向是由“自右到左”，与基本算术运算符的结合顺序不同。

③ 一个变量在一个表达式中出现两次或两次以上，不宜使用自增或自减运算。否则在不同的编译器下执行的顺序不同易出现结果不同的情况。

【例2-11】 自增、自减运算符使用。

```
#include <stdio.h>
void main()
{
    int n1,n2;
    n1 =5;
    n2 = ++n1;
    printf("n1 =%d,n2 =%d\n",n1,n2);
    n1 =5;
    n2 =n1 ++;
```

```
    printf("n1 =%d,n2 =%d\n",n1,n2);
    n1 =5;
    n2 = --n1;
    printf("n1 =%d,n2 =%d\n",n1,n2);
    n1 =5;
    n2 =n1 --;
    printf("n1 =%d,n2 =%d\n",n1,n2);
}
```

程序运行结果如图 2-15 所示。

```
n1=6,n2=6
n1=6,n2=5
n1=4,n2=4
n1=4,n2=5
Press any key to continue
```

图 2-15 【例 2-11】运行结果

2.3.2 赋值运算符及其表达式

1. 赋值运算符

“=”就是赋值运算符，它的作用是将右边表达式的值赋给左边的变量，同时赋值表达式的值为左边变量得到的值。如 a =5 是把数值 5 存储到变量 a 所指向的内存单元中，同时 a =5 这个表达式的值为 5。

赋值运算符的结合方向是“从右至左”，如表达式 a = b =3 +5 的计算过程为：先计算 3 +5的值为 8 赋给 b，则 b 的值为 8，又将 b =3 +5 的值 8 赋给变量 a。

C 语言中赋值运算符的优先级仅高于逗号运算符，低于其他运算符。

2. 复合赋值运算符

C 语言中为了简化程序，提高程序的编译效率，在赋值运算符前加上其他运算符号构成复合运算符号，如 +=、 -=、 *=、/= 等。C 语言中规定可以使用 10 种复合运算符，即 +=、 -=、*=、/=、%=、 <<=、 >>=、&=、 ∧= 和 |= 。

【例 2-12】 复合赋值运算符的使用。

```
#include <stdio.h>
main()
{int x =6,a =12;
printf("x =%d\n",x +=x *=x/3);
printf("a =%d\n",a +=a -=a *=a);
}
```

程序运行结果为：

```
x =24
a =0
```

分析：复合赋值运算符是从右往左算，x += x *= x/3，先算 x/3 = 2，再算 x *= 2，即 x = x * 2 = 12，最后算 x += 12 即得出 x = 24；对于 a += a -= a *= a 式子，先算 a *= a，即得出 a = 144，再算 a -= 144 即得出 a = 0，最后算 a += 0，得到 a = 0。

3. 赋值表达式中的类型转换规则

在 C 语言中当赋值运算符右边的数据类型与左边变量的数据类型不一致时，且两边都为数值型或字符型时会进行类型转换。赋值号右边数据的类型将转换为左边变量的数据类型。如果右边的数据类型长于左边变量的数据类型，将丢失一部分数据，这样会降低精度。

具体转换规则如下：

1）将实型数据赋值给整型变量时，舍弃实数的小数点部分，如“int i = 12345.6789;”将 i 的值转化为 12345。

2）将整型数据赋值给实型变量时，数值不变，但以浮点数形式存储到变量中，如“float f = 765;”将 765 转化为 765.0000，再存储到变量 f 中。

3）将字符型数据赋给整型变量时，字符型占用 1 个字节即 8 位，将字符型数据位放到整型变量的低 8 位中。整型变量的高位根据字符型数据最高位是 0 或 1，相应地补 0 或 1。

2.3.3　逗号运算符及其表达式

C 语言中可用逗号运算符把合法的表达式连接起来构成逗号表达式。

格式为：

表达式 1，表达式 2，……，表达式 n

说明：

1）逗号运算符是 C 语言中优先级最低的运算符。

2）结合方向是“从左至右”，即先计算表达式 1，再计算表达式 2，……，最后计算表达式 n，逗号表达式的值为最右侧表达式（即表达式 n）的值。

【例 2-13】　逗号运算符的使用。

```
#include <stdio.h>
main()
{
  int a=5;
  printf("%d",(a=6,a++,a* 3));
}
```

结果为：21。

分析：逗号表达式从左往右进行计算，先算 a = 6，再算 a ++ 得出 a = 7，再算 a * 3 得出 21。

2.3.4　关系运算符及其表达式

关系运算符实际上就是比较运算，是将两个值进行比较，判断比较的结果是否符合给定的条件，如满足表达式结果为“真”，不满足表达式结果为“假”。

1. 关系运算符

<（小于）、>（大于）、>=（大于或等于）、<=（小于或等于）、==（等于）、!=

（不等）。

注意：关系运算符等于号“==”不同于“=”，后者是赋值运算符。

其中前四种关系运算符（<、>、>=、<=）的优先级相同，后两种关系运算符（==、!=）的优先级相同，且前四种的优先级高于后两种。关系运算符是双目运算符，相同优先级的关系运算符结合方向是“从左至右”，在所有的运算符中关系运算符的优先级低于算术运算符高于赋值运算符。

2. 关系表达式

用关系运算符将表达式（可以是算术表达式、关系表达式、逻辑表达式、赋值表达式、逗号表达式和字符表达式等）连接起来的式子称关系表达式。关系表达式的结果为“真”或“假”，用“1”代表“真”，“0”代表“假”。

合法的关系表达式如 8 >9、'a' ==97、56 <89、'a' <'b'、0 >1，这 5 个关系表达式的值分别为：0、1、1、1、0。

又如“int x =3，y =5，z =8;”，则关系表达式 x > y 的值为 0，z > y > x 的值为 0（因其等价于（z > y） > x，z > y 的值为 1，同时 1 > x 的值为 0，故表达式的值为 0）；z == x + y 的值为 1（因算术运算符“+”的优先级高于关系运算符“==”，所以此表达式等价于 z ==（x + y），x + y 的值 8 与 z 的值相等，故表达式的值为 1）。

【例 2-14】 关系运算符的使用。

```
#include <stdio.h>
void main()
{
    int  x =23,y =56,z =89;
    int  t1,t2,t3;
    t1 =x <z;
    t2 =y ==x;
    t3 =y ==x-z;
    printf("t1 =%d,t2 =%d,t3 =%d\n",t1,t2,t3);
}
```

程序运行结果为：t1 =1，t2 =0，t3 =0。

2.3.5 条件运算符及其表达式

“?:”为条件运算符。条件运算符有 3 个操作数，是 C 语言中唯一的三目运算符。由其连接的表达式为条件表达式。格式如下：

表达式 1? 表达式 2：表达式 3

其中：

表达式 1 是一个关系表达式或逻辑表达式，用作判断条件。

表达式 2 是一个合法的 C 语言表达式。

表达式 3 也是一个合法的 C 语言表达式。

执行过程是首先计算表达式 1 的值，如果表达式 1 的值为真，即非 0，则整个条件表达式的值为表达式 2 的值；如果表达式 1 的值为假，即 0，则整个条件表达式的值为表达式 3 的值。例如：

```
a = 2, b = 3;
a > b ? a : b;
```

表达式 a > b ? a : b 的值为 3，首先判断 a > b 的值为 0，所以表达式的值为冒号后面 b 的值 3。

又例如设 a = 4，b = 8，语句“max = (a > b) ? a : b;”执行后，max 的值应为 8。

2.3.6　逻辑运算符及其表达式

在 C 语言中，关系运算符所能反映的是两个表达式的大小、等于关系，逻辑运算符是用 0 和 1 来判断事物状态相互关联的一种运算。

1. 逻辑运算符

&&（逻辑与）　||（逻辑或）　!（逻辑非）

其中前两种逻辑运算符（&&、||）是双目运算符，后面的逻辑运算符（!）是单目运算符。判断的结果只有 0 和 1 两个值，其中 1 表示该逻辑运算的结果是成立的，而 0 表示该逻辑运算的结果是不成立的。C 语言中提供了 3 种逻辑运算符，见表 2-4。

表 2-4　逻辑运算符及含义

运算符	含义	优先级
!	逻辑非	高
&&	逻辑与	中
||	逻辑或	低

2. 逻辑表达式

用逻辑运算符将符合 C 语言规范的表达式连接起来的式子称为逻辑表达式。逻辑表达式的结果也为真或假，C 语言中逻辑表达式的结果以数值 1 代表真，数值 0 代表假。在判断一个逻辑表达为真或假时用非 0 与 0 判断，数值 0 代表假，非 0 代表真。具体的逻辑运算规则见表 2-5。

表 2-5　逻辑与和逻辑或的运算规则

逻辑值 A	逻辑值 B	逻辑表达式 A || B 结果	逻辑表达式 A&&B 结果
1	1	1	1
1	0	1	0
0	1	1	0
0	0	0	0

注意：

① 表达式的值都是逻辑值，以 1 代表真，以 0 代表假。

（续）

实型数据	%f	以小数形式输出实数
	%e	以指数形式输出实数
字符型数据	%c	以字符形式输出一个字符
	%s	输出字符串
其他	%%	输出字符 '%' 本身

【例 3-1】 写出如下程序的输出结果。

```
#include  <stdio.h>
main()
{
    int a,b;
    a=12;b=5;
    printf("输出结果为:");
    printf("%d   %d\n",a,b);
    printf("a=%d,b=%d\n",a,b);
    printf("a+b=%d\n",a+b);
}
```

则程序运行后的输出结果是：

输出结果为：12   5

a=12,b=5

a+b=17

在 printf() 函数格式字符前，还可以出现一些附加格式说明符，从而给出更多的格式输出信息。表 3-2 中给出了 printf() 函数的附加格式说明符。

表 3-2 printf() 函数的附加格式说明符

m（m 为正整数）	指定数据输出时的最小宽度
n（n 为正整数）	对实数表示输出 n 位小数，对字符串则表示从字符串左端截取输出 n 个字符
-	左对齐方式输出。若不使用“-”，均右对齐输出
+	正数输出加号（+），负数输出减号（-）。若不使用“+”，正数不输出符号

例如：

%m.nf 表示右对齐，m 位域宽，n 位小数或 n 个字符；

%-m.nf 表示左对齐，m 位域宽，n 位小数或 n 个字符。

【例 3-2】 分析下列程序的输出结果。

```
#include  <stdio.h>
main()
{
  float x=123.456,y=0.123456789;
```

① 类型说明符和表达式都要加括号（单个变量可以不加括号），例如若把“（int）(x + y);”写成“(int)x + y;”，则成了把 x 转换成整型之后再与 y 相加了。

② 无论是强制类型转换还是自动类型转换，都只是为了本次运算的需要而对变量的数据长度进行临时性转换，而不改变数据定义说明时对该变量定义的类型。

有语句如下：

```
float a = 34.567;
int b = (int)a;
```

float 型变量 a 被强制转换为 int 型并将 34 赋值给 b，注意强制类型转换不是四舍五入。强制类型转换时要注意目标类型要能容纳源类型的所有数据，否则会出现溢出。下面的语句就不合理：

```
float f = 128.6;
char c = (char)f;
printf("%d",c);
```

希望读者在使用时尽量避免这种情况出现。

【例 2-18】 强制类型转换的应用。

```
#include <stdio.h>
main()
{
  int a,b = 65,c;
  float x,y = 2.3;
  char c1 = 'g',c2;
    a = y;
    x = b;
    c = c1;
    c2 = b;
    printf("%d,%f,%d,%c\n",a,x,c,c2);
}
```

则程序运行的结果应为：2,65.000000,103,A。

【任务实施】

解决此任务的关键点在于算术运算符及其表达式的灵活使用，学会分离各位上的数字。

解题思路：

① 定义一个整型变量 num，并赋三位数的初始值；

② 定义整型变量 n1、n2、n3、sum 用来存放个位、十位、百位上的数据及其三者之和；

③ 用 num%10 取得个位上的数据存入 n1；

④ 用 num/10%10 取得十位上的数据存入 n2；

⑤ 用 num/100 取得百位上的数据存入 n3；

⑥ 求 n1、n2 和 n3 的和并存入 sum；

⑦ 输出 sum。

程序如下：

```
#include "stdio.h"
main()
{
    int num=345;
    int n1,n2,n3,sum;
    n1=num%10;                    /*求得个位数*/
    n2=num/10%10;                 /*求得十位数*/
    n3=num/100;                   /*求得百位数*/
    sum=n1+n2+n3;
    printf("sum=%d\n",sum);
}
```

【练一练】 对于一个 4 位数的整数，其千位、百位、十位和个位上的数字如何求得？请读者朋友们参考上面的任务编出程序来实现。

小　结

本单元介绍了标识符、关键字、常量、变量、数据类型、运算符、表达式、数据类型转换等内容。

1. 标识符是为操作的对象起个名字以便使用，但名字要符合 C 语言的规范。

2. 关键字是 C 语言中已有的特殊功能标识符。

3. 常量是值不能发生变化的量。类型有：整数、长整数、无符号数、浮点数、字符、字符串、符号常数、转义字符等。

4. 变量是用来临时存放数据的地方，但是这个空间有多大，可以存放什么样的数据，这些是在定义变量类型时指定的。

5. 运算符优先级：表达式求值按运算符的优先级和结合性所规定的顺序进行。

6. 常用的运算符种类有：赋值、算术、关系、逻辑、条件、逗号等。

7. 运算符的结合性：多数运算符具有左结合性（自左至右），如算术运算符；而单目运算符、三目运算符、赋值运算符具有右结合性（自右至左）。

8. 表达式是由运算符连接常量、变量、函数所组成的式子。每个表达式都有一个值和类型。表达式求值按运算符的优先级和结合性所规定的顺序进行。

9. 数据类型转换。自动转换是在不同类型数据的混合运算中，由系统自动实现的转换，由少字节类型向多字节类型转换。不同类型的量相互赋值时也由系统自动进行转换，把赋值号右边的类型转换为左边的类型。强制转换是由强制类型说明符完成转换的。

习题 2

一、选择题

1. 按照 C 语言规定的用户标识符命名规则，不能出现在标识符中的是（　　）。

A. 大写字母　　B. 连接符　　C. 数字字符　　D. 下划线

2. 可在 C 语言程序中用于用户标识符的一组标识符是（　　）。

A. and _2007　　B. Date y-m-d　　C. Hi Dr. Tom　　D. case Bigl

3. 以下叙述中错误的是（　　）。

A. 用户所定义的标识符允许使用关键字

B. 用户所定义的标识符应尽量做到“见名知意”

C. 用户所定义的标识符必须以字母或下划线开头

D. 用户所定义的标识符中大、小写字母代表不同标识

4. C 语言中的简单数据类型包括（　　）。

A. 整型、实型、逻辑型　　B. 整型、实型、逻辑型、字符型

C. 整型、字符型、逻辑型　　D. 整型、实型、字符型

5. 以下关于 long、int 和 short 类型数据占用内存大小的叙述中正确的是（　　）。

A. 均占 4 个字节

B. 根据数据的大小来决定所占内存的字节数

C. 由用户自己定义

D. 由 C 语言编译系统决定

6. 以下选项中不属于 C 语言类型的是（　　）。

A. signed short int　　B. unsigned long int

C. unsigned int　　D. long short

7. 以下选项中合法的实型常数是（　　）。

A. 5E2.0　　B. E-3　　C. 2E0　　D. 1.3E

8. 以下（　　）是正确的字符常量。

A. "c"　　B. "\\"　　C. 'W'　　D. "\32a"

9. 已知大写字母 A 的 ASCII 码是 65，小写字母 a 的 ASCII 码是 97，以下不能将变量 c 中大写字母转换为对应小写字母的语句是（　　）。

A. c=c-'Z'+'z'　　B. c=c+32

C. c=c-'A'+'a'　　D. c='A'+c-'a'

10. 下列定义变量的语句错误的是（　　）。

A. int _int;　　B. double int_;　　C. long For;　　D. float US$;

11. 已知字符 'A' 的 ASCII 代码值是 65，字符变量 c1 的值是 'A'，c2 的值是 'D'。执行语句“printf("%d,%d", c1, c2-2);”后，输出结果是（　　）。

A. A，B　B. A，68　C. 65，66　D. 65，68

12. 表达式 3.6－5/2＋1.2＋5%2 的值是（　）。

A. 4.3　B. 4.8　C. 3.3　D. 3.8

13. 已知字母 A 的 ASCII 代码值为 65，若变量 kk 为 char 型，以下不能正确判断出 kk 中的值为大写字母的表达式是（　）。

A. kk>='A'&&kk<='Z　B. !(kk>='A'||kk<='Z')

C. (kk+32)>='a'&&(kk+32)<='z'　D. kk>64 && kk<91

14. 设单精度型变量 f、g 的值均为 2.0，使 f 为 4.0 的表达式是（　）。

A. f+=g　B. f-=g+2　C. f*=g-6　D. f/=g*10

15. 若有定义“int i=7，j=8;”，则表达式 i>=j||i<j 的值为（　）。

A. 1　B. 变量 i 的值　C. 0　D. 变量 j 的值

16. 若希望当 a 的值为奇数时，表达式的值为真；a 的值为偶数时，表达式的值为假。则不能满足要求的表达式是（　）。

A. a%2==1　B. !(a%2==0)　C. !(a%2)　D. a%2

17. 若有定义“int x=3，y=4，z=5;”，则值为 0 的表达式是（　）。

A. 'x'&&'y'　B. x<=y

C. x||y+z&&y-z　D. !((x<y) &&! z||1)

18. 若表达式! x 的值为 1，则以下哪个表达式的值为 1?（　）

A. x==0　B. x==1　C. x=! 1　D. x!=0

19. 语句“x=(y=3，b=++y);”运行后，x、y、b 的值依次为（　）。

A. 4、4、3　B. 3、3、3　C. 4、4、4　D. 4、3、4

20. 若有定义“int x，c;”，则语句“x=(c=3，c+1);”运行后，x、c 的值分别是（　）。

A. 3、3　B. 4、4　C. 3、3　D. 4、3

21. 语句“a=(3/4)+3%2;”运行后，a 的值为（　）。

A. 0　B. 1　C. 2　D. 3

22. 若有定义“float x=3.5; int z=8;”，则表达式 x+z%3/4 的值为（　）。

A. 3.75　B. 3.5　C. 3　D. 4

23. 若有定义“int b=7; float a=2.5，c=4.7;”，则表达式 a+(b/2*(int)(a+c)/2)%4 的值是（　）。

A. 2.5　B. 3.5　C. 4.5　D. 5.5

24. 若有定义“int x，y;”，则表达式（x=2，y=5，x*2，y++，x+y）的值是（　）。

A. 7　B. 8　C. 9　D. 10

25. 设有定义“float a=2，b=4，h=3;”，以下 C 语言表达式与代数式$\frac{a+b}{2}\times h$计算结果不相符的是（　）。

A. (a+b)*h/2　B. (1/2)*(a+b)*h

C. (a+b)*h*1/2　　D. h/2*(a+b)

26. 设有定义“int k=0;”，以下4个表达式中与其他3个表达式的值不相同的是（　　）。

A. k++　　B. k+=1　　C. ++k　　D. k+1

27. 有以下程序：

```
main()
{
char a1='M',a2='m';
printf("%c\n",(a1,a2));
}
```

以下叙述中正确的是（　　）。

A. 程序输出大写字母M　　B. 程序输出小写字母m

C. 格式说明符不足，编译出错　　D. 程序运行时产生出错信息

28. 有以下程序：

```
main()
{
int a=0,b=0;
a=10;                       /*给a赋值*/
b=20;                       /*给b赋值 */
printf("a+b=%d\n",a+b);     /*输出计算结果*/
}
```

程序运行后的结果是（　　）。

A. a+b=30　　B. a+b=10　　C. 30　　D. 程序出错

29. C语言中运算对象必须是整型的运算符是（　　）。

A. /　　B. +　　C. %　　D. -

30. 下列关于单目运算符++、--的叙述正确的是（　　）。

A. 它们的运算对象可以是任何变量和常量

B. 它们的运算对象可以是char型和int型变量，但不能是float型变量

C. 它们的运算对象可以是int型变量，但不能是double型和float型变量

D. 它们的运算对象可以是char型、int型、float型、double型变量

二、填空题

1. 无符号基本整型数据类型符为______，双精度实型数据类型符为______，字符型数据类型符为______。

2. 在C语言中，书写八进制数时必须加前缀______，书写十六进制数时必须加前缀______。

3. 设有下列运算符：<<、+、++、&&、>=，其中优先级最高的是______，优先级最低的是______。

4. 设整型变量x、y、z均为5，则：

① 执行 x -= y - z 后，x 的值为______。

② 执行 x%= y + z 后，x 的值为______。

5. 数学式$\frac{a}{b \times c}$的 C 语言表达式为______。

6. 表达式 3/5 的值是______，5.0/7 的值是______，5%7 的值是______。

7. 若有定义“int x = 3，y = 4;”，则表达式 ! x || y 的值为______。

8. 若有定义“int x，y;”，则表达式（x = 2，y = 5，x ++，x + y ++）的值是______。

9. 已知“double a = 5.2;”，则语句“a += a -= (a = 4) * (a = 3);”运行后 a 的值为______。

10. 设有定义“float x = 123.4567;”，则执行以下语句后输出的结果是______。

```
printf("%f\n",(int)(x*100+0.5)/100.0);
```

11. 设变量已正确定义为整型，则表达式（n = i = 2，++i，i ++）的值为______。

12. 若有定义“int k，i = 3，j = 3;”，则表达式 k = (++i) * (j --) 的值是______。

13. 数字符号 0 的 ASCII 码十进制表示为 48，数字符号 9 的 ASCII 码十进制表示______。

14. 经过下述赋值后，变量 x 的数据类型是______。

```
int x = 2;
double y;
y = (double)x;
```

三、程序阅读题

1. 阅读以下程序，输出结果是（　　）。

```
#include "stdio.h"
main()
{
    int a = 3;
    printf("%d,%d\n",a == 3,a = 3);
}
```

2. 阅读以下程序，输出结果是（　　）。

```
#include "stdio.h"
main()
{
    int a,b,c;
    a = 10;b = 20;c = 30;
    a = ( --b <= a) || (a + b! = c);
    printf("%d,%d\n",a,b);
}
```

3. 以下程序的输出结果是（　　）。

```
#include "stdio.h"
```

```
main()
{
  int a=0;
  a+=(a=8);
  printf("%d\n",a);
}
```

4. 执行下面程序，输出语句后，a 的值是（　　）。

```
#include "stdio.h"
main()
{
  int a ;
  printf("%d\n",(a=3*5,a*4,a+5));
}
```

5. 以下程序运行后的输出结果是（　　）。

```
main()
{
  int x=0210;printf("%X\n",x);
}
```

四、程序设计题

1. 编写程序，分别计算 $a+b^2-6$ 的值，其中：

① a=4，b=3；

② a=5，b=2；

③ a=2，b=8。

2. 编写程序，从键盘输入大写字母，用小写字母输出。

3. 编写程序，已知圆的半径，求圆的周长和面积（要求半径值由键盘输入）。

单元 3

C 语言程序设计的三种基本结构

【教学目的】

通过本单元的学习，要求熟练使用基本输入输出函数，能掌握 C 语言程序设计的三种基本结构即顺序结构、选择结构和循环结构，能够在不同条件下灵活选择使用 if 语句、switch 语句以及循环语句来解决实际问题。在此基础上，要学会 if 语句的嵌套及循环的嵌套，会辨别 break 语句与 continue 语句的区别。

教学内容：
- 3.1 顺序结构程序设计
- 3.2 选择结构程序设计
- 3.3 循环结构程序设计

【重点难点】

重点：

① C 语言的输入、输出语句的使用；

② 选择控制语句（if、switch）的使用；

③ 循环控制语句（for、while、do…while）的使用；

④ 简单控制语句（break、continue）的使用。

难点：

① 循环语句的嵌套；

② 灵活选择使用控制语句来解决实际问题。

任务一　求梯形的面积

【任务描述】

从键盘输入梯形的上底、下底和高，计算梯形的面积，要求用 C 语言实现。

【关键知识点】

① printf( ) 函数的用法；

② scanf( ) 函数的用法。

【相关知识】

3.1 顺序结构程序设计

C 语言程序的三种基本结构一般分为顺序结构、选择结构和循环结构，这三种基本结构可以组成复杂的程序。

顺序结构是 C 语言程序设计中最简单的程序结构，是构成复杂程序的基础。顺序结构程序由简单语句组成，语句按书写顺序执行，且每条语句都被执行。顺序结构如图 3-1 所示。

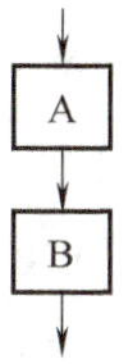

图 3-1 顺序结构

本节主要讨论顺序结构中的输入、输出函数。

C 语言本身不提供输入、输出语句，输入、输出操作是由函数来实现的，例如 printf( ) 函数和 scanf( ) 函数。输入、输出功能由 C 语言的标准输入、输出（I/O）库函数提供。C 语言提供了丰富的输入、输出库函数，本节主要介绍四个最基本的输入、输出函数：格式化输出、输入函数和字符输出、输入函数，其对应的头文件均为 “stdio. h”。

注意：

① 使用 C 语言库函数时，要用预编译命令 “#include” 将有关的 “头文件” 包含到用户源文件中。

② C 语言提供的函数以库的形式存放在系统中，它们不是 C 语言文本中的组成部分。

3.1.1 格式输出 printf( ) 函数

格式输出 printf( ) 函数的功能是按指定的格式输出数据，其一般的调用格式为：

printf ("格式控制串", 输出项列表);

其中 “格式控制串” 必须用英文的双引号括起来，它的作用是控制输出项的格式和输出一些提示信息；而 “输出项列表” 则可以是一个或多个输出项，可以是常量、变量和表达式，输出项之间用逗号分隔，类型可以是整型、实型、字符型和字符串型。

printf( ) 函数的功能是向标准输出设备（一般为显示器）按格式控制串的格式输出一个或多个任意类型的数据。在 printf( ) 输出格式中，除了格式符之外，其他的都要原样输出，例如：

```
int b =75;
printf("b = %c,b = %d\n",b,b);
```

则运行之后的结果是 b = K，b = 75。

表 3-1 中列出了常用的 printf( ) 函数格式字符。

表 3-1 printf( ) 函数格式字符

整型数据	%d	以有符号十进制形式输出整数（正数不输出符号）
	%ld	输出长整数
	%o	以无符号八进制形式输出整数
	%x	以无符号十六进制形式输出整数
	%u	以无符号十进制形式输出整数

（续）

实型数据	%f	以小数形式输出实数
	%e	以指数形式输出实数
字符型数据	%c	以字符形式输出一个字符
	%s	输出字符串
其他	%%	输出字符'%'本身

【例 3-1】 写出如下程序的输出结果。

```
#include <stdio.h>
main()
{
    int a,b;
    a=12;b=5;
    printf("输出结果为:");
    printf("%d  %d\n",a,b);
    printf("a=%d,b=%d\n",a,b);
    printf("a+b=%d\n",a+b);
}
```

则程序运行后的输出结果是：

输出结果为：12　5

a=12,b=5

a+b=17

在 printf()函数格式字符前，还可以出现一些附加格式说明符，从而给出更多的格式输出信息。表 3-2 中给出了 printf()函数的附加格式说明符。

表 3-2　printf()函数的附加格式说明符

m（m 为正整数）	指定数据输出时的最小宽度
n（n 为正整数）	对实数表示输出 n 位小数，对字符串则表示从字符串左端截取输出 n 个字符
-	左对齐方式输出。若不使用“-”，均右对齐输出
+	正数输出加号（+），负数输出减号（-）。若不使用“+”，正数不输出符号

例如：

%m.nf 表示右对齐，m 位域宽，n 位小数或 n 个字符；

%-m.nf 表示左对齐，m 位域宽，n 位小数或 n 个字符。

【例 3-2】 分析下列程序的输出结果。

```
#include <stdio.h>
main()
{
  float x=123.456,y=0.123456789;
```

```
    double z = 123456789.0123456789;
    printf("x = %f,y = %f\n",x,y);
    printf("z = %f\n",z);
    printf("z = %15.3f\n",z);
    printf("x = %10.2f\n",x);
    printf("x = %-10.2f\n",x);
    printf("x = %5.2f\n",x);
}
```

程序的运行结果如图 3-2 所示。

3.1.2　格式输入 scanf( ) 函数

```
x=123.456001,y=0.123457
z=123456789.012346
z=  123456789.012
x=    123.46
x=123.46
x=123.46
```

图 3-2　【例 3-2】运行结果

格式输入 scanf( ) 函数的功能是按指定的格式输入数据，其一般的调用格式为：

scanf（"格式控制串"，地址列表）;

其中“格式控制串”必须用英文的双引号括起来，由“%”和格式字符组成，它的作用是控制输入数据的类型和输入形式；而“地址列表”则是由若干个地址组成的列表，变量地址之间用逗号分隔。变量地址由地址运算符“&”后跟变量名组成，“&”是地址运算符，&a 是指 a 在内存中的地址，比如语句：

```
scanf("%d%d",&a,&b);
```

其中 scanf( ) 函数的作用就是将赋值给 a、b 的数值放到 a、b 所在的内存单元中去。

scanf( ) 函数的功能是通过键盘等标准输入设备（一般为键盘），按格式控制串的格式输入一个或多个任意类型的数据到指定的变量中。

在“格式控制串”中，如果除了格式说明符外还有其他字符的话，则在输入数据时应原样输入这些其他字符。

【例 3-3】 用 scanf( ) 函数输入数据。

```
#include <stdio.h>
main()
{
    int a,b;
    scanf("%d%d",&a,&b);
    printf("%d,%d",a,b);
}
```

运行时按以下方式输入 a、b 的值：

5　6(按 <Enter> 键)　　/* 即从键盘先输入 5,再按若干空格键后输入 6(也可以按 <Tab> 键后再输入 6),最后按 <Enter> 键 */

5,6　　/* 输出 a、b 的值 */

输入数据时，遇到以下情况，系统认为输入数据结束。

① 遇到 <Enter> 键；

② 按指定宽度结束，例如“%3d”，表示只取 3 列；

③ 遇到非法输入。

表 3-3 给出了 scanf( ) 函数常用的格式字符。

表 3-3 scanf( ) 函数常用的格式字符

格式字符	说　明	应用示例	输入示例
d	十进制整数	scanf ("%d", &x);	输入 123，变量 x 的值为 123
f	单精度实数	scanf ("%f", &f);	输入 3.14，变量 f 的值为 3.140000
c	单个字符	scanf ("%c", &ch);	输入 m，变量 ch 的值为 'm'
s	字符串	scanf ("%s", t);	输入 Beijing，数组 t 中为字符串" Beijing"
o	八进制整数	scanf ("%o", &x);	输入 324，变量 x 的值为八进制数 324
x	十六进制整数	scanf ("%x", &y);	输入 D4，变量 y 的值为十六进制数 D4

注意事项：

1）在输入格式中，除了格式字符之外，其他的普通字符都要原样输入。对于下面这样的语句：

```
scanf("%d%d",&a,&b);
```

除了上面的输入方式外，还可以是：

5（按 <Enter> 键）

6（按 <Enter> 键）

但是对于

```
scanf("%d,%d\n",&a,&b);
```

这样的语句只能有一种输入方式，即：

5，6 \n（按 <Enter> 键）

而对于

```
scanf("a=%d,b=%d",&a,&b);
```

这样的语句也只能用下面的输入方式，即：

a=5,b=6(按 <Enter> 键)

也就是说，除了格式字符之外，其他的字符都要原样输入。为了防止输入出错，建议读者使用

```
scanf("%d%d",&a,&b);
```

这样的输入语句格式。

2）输入实型数据时，不能规定精度，即没有“%m.n”这样的输入格式，例如：

```
scanf("%4.2f ",&a);
```

这样的输入格式是不合法的，但

```
scanf("%f",&a);
```

输入 12.34 是合法的。

3）用十进制整数指定输入的宽度（即字符数），系统自动按指定的宽度截取所需数据，如：

```
int a,b;
scanf("%4d,%3d",&a,&b);
printf("a=%d\nb=%d",a,b);
```

如果输入的数据为：123456789（按 <Enter> 键）

则输入应为：

a=1234

b=567

4）使用格式说明符“%c”输入单个字符时，空格和转义字符均作为有效字符被输入，例如：

```
char ch1,ch2,ch3;
scanf("%c%c%c",&ch1,&ch2,&ch3);
printf("ch1=%c,ch2=%c,ch3=%c\n",ch1,ch2,ch3);
```

如果输入的数据为：a b c（按 <Enter> 键）/* 即 a 与 b、b 与 c 之间分别是一个空格 */

则输出结果应为：

ch1=a，ch2=，ch3=b　　　　/* 即 ch2 的结果就是空格 */

5）输入的数据与输出的类型一定要一致，例如：

```
scanf("%d%d",&a,&b);
```

如果输入的数据为：

25　a

则变量 b 的值就会出现错误。

3.1.3　字符输出 putchar() 函数

putchar()函数的一般形式为：

putchar(c);

它的功能就是向标准输出设备（一般为显示器）输出一个字符，并返回输出字符的 ASCII 码值。其中参数 c 可以是一个字符型（整型）变量、常量或表达式，也可以是一个转义字符，putchar（'\n'）、putchar（'\101'）这样的形式也是表示输出一个字符，例如：

```
putchar('A');          /* 输出大写字母 A */
putchar(x);            /* 输出字符型变量 x 的值 */
putchar('\101');       /* 输出字符 A */
putchar('\n');         /* 换行 */
```

【例 3-4】　putchar()函数的使用。

```
#include <stdio.h>
main()
{
```

```
int i = 65;
char ch = 'B';
putchar(i);                    /* 输出大写字母 A */
putchar(ch);                   /* 输出字符变量 ch 的值 */
putchar('\n');                 /* 换行 */
putchar('c' + 2);              /* 输出小写字母 e */
putchar(99 + 1);               /* 输出小写字母 d */
putchar('\"');                 /* 输出双引号 */
}
```

则程序运行后输出结果为：

```
AB
ed"
```

注意：putchar()函数只能用于单个字符的输出，并且一次只能输出一个字符。

3.1.4 字符输入 getchar()函数

getchar()函数的功能是从键盘输入一个字符，它的一般形式为

getchar();

通常把输入的字符赋予一个字符变量，构成赋值语句，例如：

```
char c;
c = getchar();
```

【例 3-5】 从键盘输入字符。

```
#include <stdio.h>
void main()
  {
    char c;
    c = getchar();/* 从键盘输入一个字符,并将其存入字符型变量 c 中 */
    printf("c = %c\n",c);
}
```

如果运行程序后输入 M（按 <Enter> 键），则输出结果为：

```
M
```

【例 3-6】 getchar()函数与 putchar()函数应用例子。

```
#include <stdio.h>
main()
  {
    char a,b;
    int c;
    a = getchar();        /* 从键盘输入一个字符,该字符的 ASCII 码值赋给字符变量 a */
    b = getchar();        /* 从键盘输入一个字符,该字符的 ASCII 码值赋给字符变量 b */
```

```
    getchar();              /* 相当于程序暂停,按任意键继续执行程序 */
    c = getchar() +5;       /* getchar()函数作为表达式的一部分 */
    putchar(a-32);          /* 输出表达式 a-32 对应的字符 */
    putchar(b);             /* 输出变量 b 对应的字符 */
    putchar(c);             /* 输出变量 c 对应的字符 */
}
```

如果运行程序后输入 abcde（按 <Enter> 键），则输出结果为：

Abi

注意事项：

① 一个 getchar()函数只能接收一个字符。调用函数 getchar()时，程序执行被中断，等待用户从键盘输入数据。当用户键入字符并按 <Enter> 键以后，程序继续运行。若用户输入字符后未按 <Enter> 键，则键入的内容一直保留在键盘缓冲区中，只有等用户按 <Enter> 键后，字符输入函数 getchar()才进行处理。

② 无论输入的是英文字母、标点符号还是数字，都是作为字符输入的。输入的字符个数多于程序中 getchar()函数的个数时，则右端多余字符被截去。

③ getchar()函数将 <Enter> 键作为一个字符读入。如果程序中有两个以上 getchar()函数时，应该一次性输入所需字符，最后再按 <Enter> 键，如上例所示。

【任务实施】

解题思路：根据公式梯形的面积 =（a + b）* h/2，可以进行如下设计：

① 定义梯形的上底、下底和高分别为 a、b 和 h，面积为 s，根据实际情况，这些变量应该都是实型变量；

② 调用 scanf()函数，从键盘分别输入梯形的上底、下底和高的数值，分别赋给变量 a、b 和 h；

③ 利用梯形的面积公式 s =（a + b）* h/2 计算出具体数值；

④ 利用 printf()函数打印输出面积 s。

```
#include <stdio.h>
main()
{
  float a,b,h,s;                              /* 定义梯形的上底、下底、高和面积 */
  printf("请输入梯形的上底、下底和高：");
  scanf("%f%f%f",&a,&b,&h);                   /* 从键盘输入实型数据 a、b 和 h */
  s = (a + b) * h/2;                          /* 根据梯形面积公式求出其面积 */
  printf("求得梯形的面积为:s = %f\n ",s);      /* 打印输出面积 */
}
```

程序运行结果如图 3-3 所示。

【练一练】　输入任意三个整数，求它们的平均值。参考程序如下：

```
请输入梯形的上底、下底和高： 3 5.2 4
求得梯形的面积为：s=16.400000
```

图 3-3 程序运行结果

```
#include <stdio.h>
main()
{
  int n1,n2,n3;
  float average;
  printf("请输入三个整数：");
  scanf("%d%d%d",&n1,&n2,&n3);
  average=(n1+n2+n3)/3;
  printf("此三个整数的平均值为:average=%f\n",average);
}
```

程序运行结果如图 3-4 所示。

```
请输入三个整数： 14 356 56
此三个整数的平均值为：average=142.000000
 Press any key to continue
```

图 3-4 【练一练】程序运行结果

任务二 酒驾测试

【任务描述】

车辆驾驶人员血液中的酒精含量大于或等于 20mg/100mL 并且小于 80mg/100mL 时属于酒后驾车，血液中的酒精含量大于或等于 80mg/100mL 为醉酒驾车。交警可使用呼吸式酒精检测仪现场检验，由检测仪打印出结果：酒后驾车，暂扣 6 个月驾驶证，并处 1000 元以上 2000 元以下罚款，一次扣 12 分；醉酒驾车，罚款 5000 元，一次扣 12 分，处以 15 日以下拘留，并且 5 年内不得重新获得驾照。编程实现检测仪的判断与输出功能（直接由键盘输入血液中的酒精含量）。

要想解决任务二的问题，就要用到 C 语言里的选择结构，那么接下来先看选择结构程序设计的相关知识点，再来解决此任务。

【关键知识点】

① if 语句的使用；

② switch 语句的使用。

【相关知识】

3.2　选择结构程序设计

选择结构是当程序执行到某一语句时，要进行逻辑判断，从两种或多种路径中选择一条。

选择结构的特点是：根据所给定选择条件为真与否（即条件成立与否），来决定从不同操作分支中选择执行某一分支的相应操作，并且在任何情况下均有“无论分支多少，仅选其一执行”的特性。选择结构解决了程序中需要根据不同情况进行不同处理的问题。

C 语言中实现选择结构的语句有两种：if 语句和 switch 语句。

if 语句是选择结构的一种形式，又称为条件分支语句。它是通过对给定条件的判断，来决定所要执行的操作。C 语言中提供了 3 种形式的 if 语句，分别是 if 单分支语句、if 双分支语句和 if 多分支语句。

3.2.1　if 单分支语句

if 单分支语句是条件分支语句最基本的形式，它的一般格式是：

if（表达式）

语句；

该语句执行过程为：当表达式为真（非 0）时，执行表达式后的语句，否则跳过表达式后的语句，转去执行 if 语句的后续语句（如果有的话），其流程图 3-5 所示。

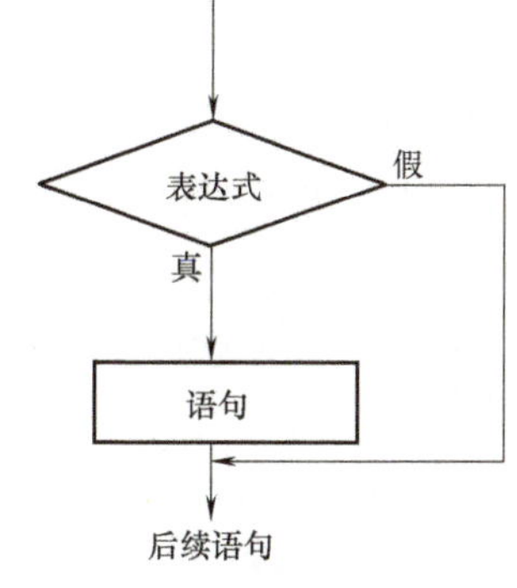

图 3-5　if 单分支语句执行流程图

【例 3-7】　请用 C 语言程序来实现下列问题：输入一个学生两门课程的考试成绩（设为 x1、x2），如果两门成绩均大于或等于 60 分，则显示“pass”。

```
#include "stdio.h"
main()
  {
    float x1,x2;
    printf("Please input the grade x1,x2:");        /*给出输入提示信息*/
    scanf("%f%f",&x1,&x2);                         /*从键盘输入成绩*/
    if(x1>=60&&x2>=60)                             /*如果两门成绩都大于或等于60分*/
    printf("pass\n");                              /*打印输出*/
  }
```

程序运行结果如图 3-6 所示。

该程序中，如果输入的两门成绩都大于或等于 60 分，则输出显示为“pass”，如图 3-6a 所示；如果有一门课成绩低于 60，则如图 3-6b 所示。

【练一练】　译密码：为使电文保密，往往按一定规律将其转换成密码，收报人再按约

```
"D:\C语言程序\选择结构\test\Debug\test.exe"
Please input the grade x1,x2:78 90
pass
Press any key to continue
```

a)

```
"D:\C语言程序\选择结构\test\Debug\test.exe"
Please input the grade x1,x2:23  32
Press any key to continue
```

b)

图 3-6 【例 3-7】运行结果

定的规律将其译回原文，例如，可以按以下规律将电文变成密码，将 A→E，B→F，a→e，即变成其后的第 4 个字母，如“China!”转换为“Glmre!”。请用 C 语言编程实现。

```
#include  "stdio.h"
main()
{
  char c;
  while((c=getchar())! ='\n')
{
  if((c>='a'&&c<='z')||(c>='A'&&c<='Z'))
    {                                      /* 此处{}里的内容都是 if 的复
                                              合语句 */
    c=c+4;
    if(c>='Z'&&c<='Z'+4||c>'z')            /* 此处的 if 是外层 if 的嵌套 */
    c=c-26;
    }
  printf("%c",c);
}
}
```

运行结果为：

China!

Glmre!

程序中对输入字符的处理办法是先判断它是否为大写字母或小写字母，若是，则将其值加 4（变成其后的第 4 个字母）。如果加 4 以后字符值大于 'Z' 或 'z'，则表示原来的字母在 V（或 v）之后，应按规律将它转换为 A～D（或 a～d）之一，办法是使 c 减 26。

3.2.2 if 双分支语句

if-else 语句是 if 双分支语句的标准使用形式，它的使用形式一般为：

```
if(表达式)
  语句 1;
else
```

语句 2;

语句执行过程为:

当表达式为真(非 0)时,执行语句 1,否则执行语句 2。流程图如图 3-7 所示。

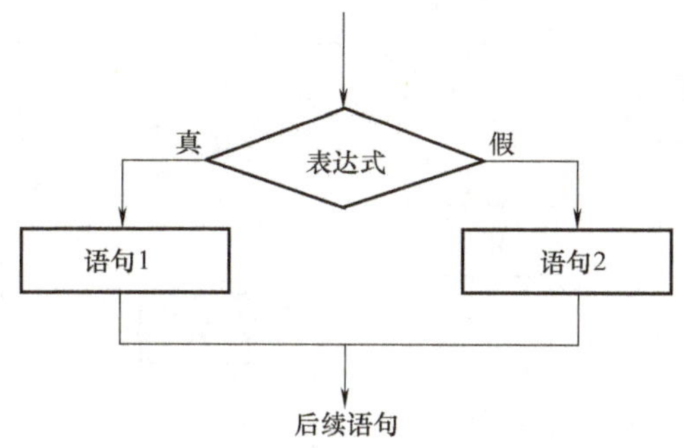

图 3-7　if 双分支语句执行流程图

【例 3-8】　提示用户输入密码(key),如果正确(等于 123),则显示"密码正确!"信息;否则,显示"密码错误!"信息。

```
#include "stdio.h"
main()
  {
    int key;
    printf("请输入密码:");
    scanf("%d",&key);
    if(key ==123)
       printf("密码正确! \n");
  else
    printf("密码错误! \n");
}
```

第一次运行程序时输入 456,结果如图 3-8a 所示,第二次运行程序时输入 123,结果如图 3-8b所示。

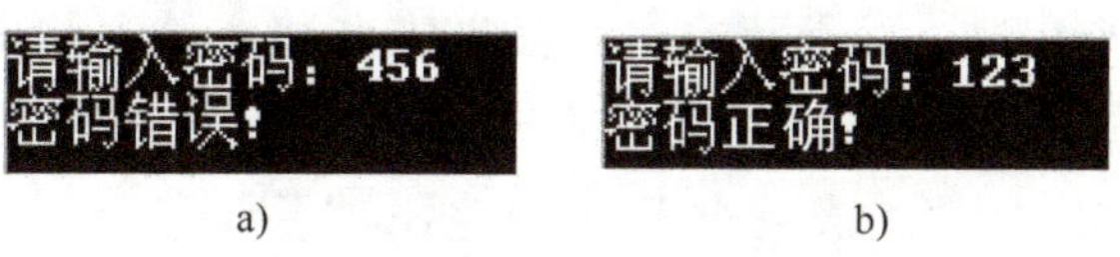

图 3-8　【例 3-8】运行结果

3.2.3　if 多分支语句

if 多分支语句流程图如图 3-9 所示,其一般形式为:

if(表达式 1)

　语句 1;

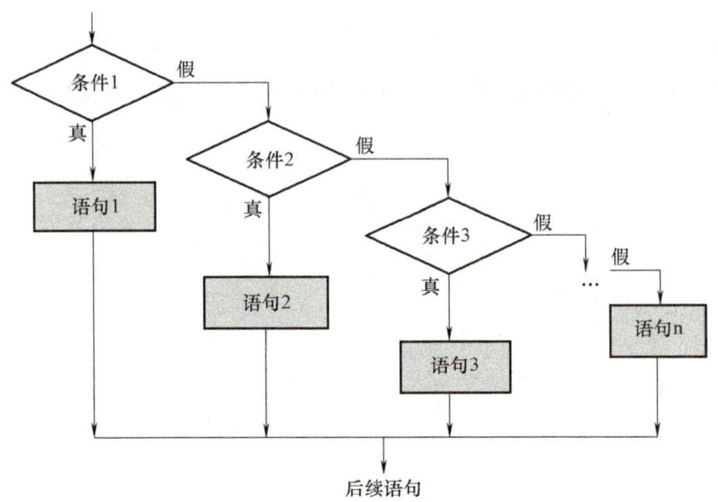

图 3-9　if 多分支语句流程图

```
else if(表达式 2)
  语句 2;
else if(表达式 3)
  语句 3;
  …
else if(表达式 n - 1)
  语句 n - 1;
else
  语句 n;
```

执行中遇到 if 时，若圆括号里的表达式 1 取值为非 0，则执行语句 1；否则去判定 else if 后面圆括号里表达式 2，如果值为非 0，则执行语句 2；否则去判定下一个 else if 后面圆括号里表达式 3 的值，如果值为非 0，则执行语句 3；依此类推。如果表达式 1、表达式 2、表达式 3、……、表达式 n - 1 都为 0，那么执行 else 后面的语句 n。在执行了语句 1、语句 2、语句 3、……、语句 n 后，再去执行后续语句。

【例 3-9】 编写一个程序，根据用户输入的期末考试成绩，输出相应的成绩评定信息。成绩大于或等于 90 分输出“优”；成绩大于或等于 80 分小于 90 分输出“良”；成绩大于或等于 60 分小于 80 分输出“中”；成绩小于 60 分输出“差”。

```
#include <stdio.h>
main()
{
  float grade;
  printf("请输入期末考试成绩：");
  scanf("%f",&grade);
```

```
    if(grade >=90)
      printf("优\n ");
    else if((grade >=80)&&(grade <90))
      printf("良\n ");
    else if((grade >=60)&&(grade <80))
      printf("中\n ");
    else
      printf("差\n");
}
```

如果输入的成绩是65，则程序运行结果图3-10a，如果输入的成绩是46，则程序运行结果图3-10b所示。

a)　　　　b)

图3-10　【例3-9】运行结果

3.2.4　if语句的嵌套

在if语句中又包含有一个或多个if语句称为if语句的嵌套。嵌套的if语句可为简单的单分支语句，也可以是if双分支语句，还可以是if多分支语句，嵌套完可能成为很复杂的结构。例如：

```
if(a >0)
  if(b >0)
  printf("%d,%d\n",a,b);
```

如果a、b都是正数，则输出a、b的值。

再例如：

```
if(a >0)
  if(b >0)
    printf("%d,%d\n",a,b);
  else
    printf("%d\n",a);
else
  if(b >0)
    printf("%d\n",b);
  else
    printf("\n");
```

则结果应该输出a、b中的正数。

语句说明：

① 嵌套不允许交叉。

② else 与 if 必须成对出现，且 else 总是与最近的一个未配对的 if 配对。

阅读以下两个程序，对比结果。

程序（1）示例如下：

```
#include "stdio.h"
main()
{
  int a=3,b=4,c=1;
  if(a)
  if(b<0)c=0;
  else c++;
  printf("c=%d\n",c);
}
```

程序（2）示例如下：

```
#include "stdio.h"
main()
 {
    int a=3,b=4,c=1;
    if(a)
    {
      if(b<0)c=0;
    }
      else
        c++;
        printf("c=%d\n",c);
}
```

经过分析运行，程序（1）的结果是2，程序（2）的结果是1。

③ 为避免错误，可用 {} 将内嵌结构括起来，以确定 if 与 else 的配对关系属内嵌范围。

【例 3-10】 任意输入三个整数，找出其中最大的整数。

思路分析：键盘接收三个数 x、y、z；先比较其中两个数，若 x>y，则再拿较大的数 x 和第三个数 z 相比较，会得出最大数；否则拿另一个较大的数 y 和第三个数 z 相比较，会从 y、z 中找出较大的数。程序如下：

```
#include "stdio.h"
main()
{
  int x,y,z,max;
  printf("请输入三个整数:");
```

```
    scanf("%d%d%d",&x,&y,&z);
    if(x>=y)
      if(x>=z)
          max=x;
        else max=z;
    else
      if (y>=z) max=y;
      else max=z;
    printf ("最大数为:%d\n",max );
    }
```

程序运行结果如图3-11所示。

```
请输入三个整数:12 34 21
最大数为:34
```

图3-11　【例3-10】运行结果

【练一练】　编程实现输入一个字符。若是数字，打印出：It is a number!；若是小写字母，打印出：It is a small letter!；若是大写字母，打印出：It is a capital letter!；否则打印出：It is another character!。参考程序如下：

```
#include "stdio.h"
main()
{
  char ch;
  printf ("Please enter a character:");
  scanf ("%c", &ch);
  if (ch>='0' && ch<='9')
    printf ("It is a number! \n");
  else if (ch>='a' && ch<='z')
    printf ("It is a small letter! \n");
  else if (ch>='A' && ch<='Z')
    printf ("It is a capital letter!\n");
  else
   printf ("It is another character! \n");
}
```

各判定条件分别是：是数字？是小写字母？是大写字母？是其他字符？根据输入的不同情况，打印出不同的信息。

if单分支和if双分支语句的结构都只根据一个条件来进行选择，而if多分支语句结构则是根据多个不同的条件来选择。在程序中无论使用哪种选择结构，编程者都必须构造恰当的条件，必须清楚谁是整个结构的后续语句。

程序运行时如果分别输入数字65、字符#，则输出结果如图3-12所示。

```
Please enter a character:65
It is a number!
Press any key to continue
```

a)

```
Please enter a character:#
It is another character!
Press any key to continue
```

b)

图 3-12 【例 3-10】运行结果

3.2.5 switch 语句

switch 语句流程图如图 3-13 所示，其一般格式为

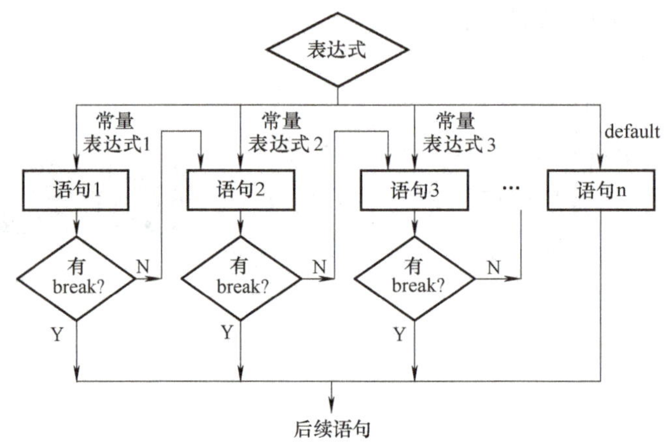

图 3-13 switch 语句流程图

```
switch (表达式)
{case 常量表达式 1:语句 1;
 case 常量表达式 2:语句 2;
     ⋮
case 常量表达式 n:语句 n;
default:语句 n+1;
}
```

说明：

① switch 的表达式通常是一个整型或字符型变量，其结果为相应的整数或字符型常量。case 后的常量表达式必须是与表达式对应一致的整数或字符型常量。

② switch 语句中所有 case 后面的常量表达式的值都必须互不相同。

③ switch 语句中的 case 和 default 的出现次序是任意的。

④ 由于 switch 语句中的 case 常量表达式只起语句标号的作用，而不起条件判断作用，即只是开始执行处的入口标号，因此可以用 break 语句来终止 switch 语句。

【例 3-11】 从键盘输入成绩，转换成相应的等级后输出（90～100 为 A，80～89 为 B，70～79 为 C，60～69 为 D，59 及以下为 E）。

```
#include <stdio.h>
```

```
main()
{
  int score;
  printf("Please Input A Score:");
  scanf("%d",&score);
  switch(score/10)
    {
    case 10:
    case 9: printf("A \n");break;
    case 8: printf("B \n");break;
    case 7: printf("C \n");break;
    case 6: printf("D \n");break;
    default: printf("E \n");
  }
}
```

通过这个例子，可以看到，if 多分支结构语句和 switch 语句之间是可以互相转换的，而且 switch 语句的可读性会更强。

【任务实施】

解题思路：

该任务中涉及一个变量即血液中的酒精含量（mg/100mL），设为 float 型 y，先从键盘输入 y，再判断如果 y<20，则输出为“不是酒驾，请放行”；如果判断 y 大于或等于 20 且小于 80，则输出显示为“酒后驾车：罚款 1000 ~ 2000 元，暂扣 6 个月驾驶证，一次扣 12 分!”；如果判断 y≥80，则输出显示为“醉酒驾车：罚款 5000 元，一次扣 12 分，处以 15 日以下拘留，并且 5 年内不得重新获得驾照!”。

参考程序如下：

```
#include "stdio.h"
main()
{
  float y;
  printf("请输入血液中的酒精含量(mg/100ml):\n");
  scanf("%f",&y);
  if (y<20)
    printf("不是酒驾,请放行!\n");
  else if(y>=20&&y<80)
    printf("酒后驾车:罚款 1000 ~ 2000 元,暂扣 6 个月驾驶证,一次扣 12 分!\n");
  else if(y>=80)
```

```
    printf ("醉酒驾车:罚款 5000 元,一次扣 12 分,处以 15 日以下拘留,并且 5 年内不得
        重新获得驾照!\n");
}
```

【练一练】 某幼儿园只收 2 ~6 岁小朋友，2 ~3 岁入小班，4 岁入中班，5 ~6 岁入大班，设计程序实现：输入小朋友年龄，输出应该入什么班。

参考程序为：

```
#include "stdio.h"
main()
{
int age;
printf("请输入小朋友的年龄(2~6 岁):\n");
scanf("%d",&age);
switch(age)
   {
     case 2:
     case 3: printf("请入小班\n");break;
     case 4: printf("请入中班\n");break;
     case 5:
     case 6: printf("请入大班\n");break;
     default:printf("我们幼儿园只招收 2~6 岁小朋友,谢谢!\n");break;
   }
}
```

读者可以自行把这个例子转换成用 if 多分支结构来编程实现。

任务三　实现银行卡登录功能

【任务描述】

要求用 C 语言来实现银行卡登录界面，给用户 3 次输入密码的机会。

【关键知识点】

① while 循环语句；
② do-while 循环语句；
③ for 循环语句。

【相关知识】

3.3　循环结构程序设计

3.3.1　while 循环语句

while 循环语句用来实现当型循环结构，它的一般形式为：

```
while (表达式)
    循环体;
```

它的执行过程就是先对表达式进行判断，当表达式为真时，执行循环体中的语句，直到表达式的值为假时才退出循环，去执行 while 循环体的后续语句（如果有）。它的流程图如图 3-14 所示。

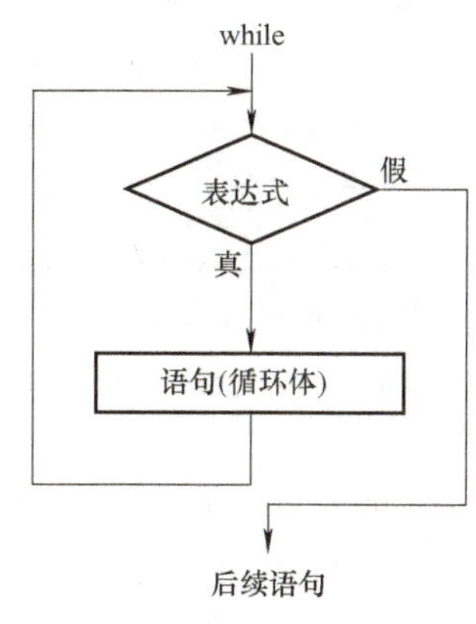

图 3-14　while 循环语句流程图

【例 3-12】　用 C 语言编程来求 1 +2 +3 +… +100 的值。

思路如下：首先设置一个累计器 sum，其初值赋为 0，利用 sum + =n 来计算（n 依次取 1，2，…，100），具体思路如下：

第一步：置累计变量 sum 的初值为 0，即 sum =0；

第二步：置加数变量 n 的初值为 1，即 n =1；

第三步：执行 sum + =n；

第四步：n 增加 1，即 n =n +1；

第五步：当 n 小于或等于 100 时，转到第三步执行；当增到 101 时，停止计算。此时，sum 的值就是 1 ~100 的累计和。程序如下：

```
#include <stdio.h>
main()
{
 long sum =0;               /* 将累加器 sum 初始化为 0 */
 int n =1;                  /* 将 n 初始化为 1 */
 while (n <=100)
 {
 sum = sum + n;             /* 实现累加 */
 n ++;
 }
 printf ("1 +2 +3 +… +100 = %ld\n",sum);
}
```

程序运行结果如图 3-15 所示。

```
1+2+3+…+100=5050
```

图 3-15　【例 3-12】运行结果

使用 while 时，需要注意如下几个问题：

① 循环体如果包含一条以上的语句，应该用大括号括起来，以复合语句的形式出现，否则 while 语句范围只到 while 后面第一个分号处。

② 在循环中应有使循环趋向于结束的语句，即设置修改循环条件的语句。例如“i=i+1”，如果无此语句，则 i 的值一直不变，循环永不结束，这就称为死循环。

③ while 语句的特点是先判断表达式的值，然后执行循环体中的语句，如果表达式的值一开始为假（即值为 0），则退出循环，并转入下一条语句执行。

④ 在进入 while 循环前应先给循环控制变量赋初值。

【练一练】 1. 求 2+4+6+…+100 之和。

2. 求 1+3+5+…+99 之和。

【例 3-13】 编程实现计算 n! 的程序。

此题思路可以模仿上个例子，只需要将和变成乘积的形式即可。

```
#include "stdio.h"
main()
{
   int i=1,n;
   long fac=1;              /*将累乘器 fac 初始化为 1*/
   printf("请输入 n 的值:\n");
   scanf("%d",&n);
   while (i<=n)
   {
    fac=fac*i;              /*实现累乘*/
    i++;
    }
    printf("%d!=%ld\n",n,fac);
}
```

【练一练】 求 1!+2!+3!+…+n! 的和。

参考程序如下：

```
#include "stdio.h"
main()
  {
   int i=1,n;
   long fac=1,sum=0;
   printf("请输入 n 的值:\n");
   scanf("%d",&n);
  while (i<=n)
  {
   fac=fac*i;
   sum=sum+fac;
   i++;
  }
  printf("1!+2!+3!+…+%d!=%ld",n,sum);
}
```

写循环语句要注意如下四个问题：

① 循环的赋初值问题，比如累加器赋 0 值、累乘器赋 1 值；

② 判断循环的条件；

③ 改变循环的语句；

④ 循环结束后的输出语句。

3.3.2　do-while 循环语句

do-while 循环语句，是用来实现直到型循环结构，它的一般形式为：

```
do
  {
    循环体
  } while(表达式);
```

它的执行过程就是先执行一次循环体，然后对表达式进行判断，如果表达式为真，则执行循环体，直到 while 后面的表达式为假才退出循环，接着执行 do-while 的下一条语句（如果有）。它的流程图如图 3-16 所示。

【例 3-14】　用 do-while 循环结构来计算 1 +3 +5 + … +99 的值。

```
#include "stdio.h"
void main()
{
   int i =1,sum =0;
    do
    {
    sum = sum +i;
    i =i +2;
   } while (i <=100);
  printf ("1 +3 +5 + … +99 = %d\n",sum);
}
```

程序的运行结果如图 3-17 所示。

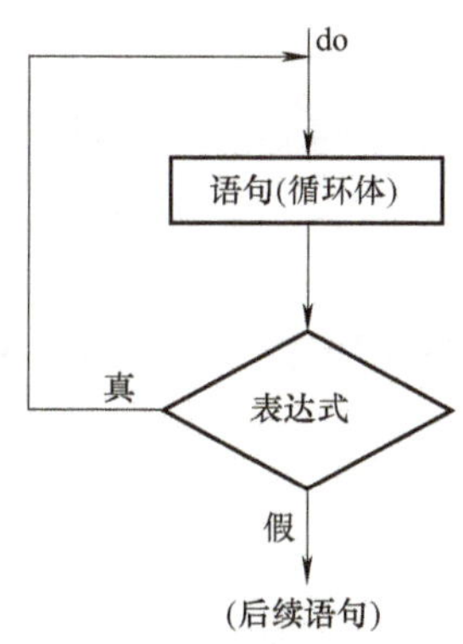

图 3-16　do-while 循环语句流程图

1+3+5+…+99=2500

图 3-17　【例 3-14】运行结果

读者可以根据【例 3-14】改写【例 3-12】的程序。

【例 3-15】 用 do-while 循环结构来计算 1+1/2+1/3+…+1/100 的值。

```
#include "stdio.h
main()
{
  int i=2;                  /*循环控制变量 i 的初始值*/
  float sum=1;              /*累加和的初始值*/
  do
  {
    sum+ =1/(float)i;       /*计算 sum=sum+1/i  */
    i++;                    /*循环控制变量的增加值*/
  }while (i<=50);           /*循环控制变量的最大值*/
  printf ("sum=%f\n",sum);
}
```

使用 do-while 时，需要注意如下几个问题：

① do-while 循环是直到型循环，它的特点是：先执行，后判断，循环体至少会执行一次。

② 如果 do-while 语句的循环体部分是由多个语句组成，则必须用 {} 括起来，使其形成复合语句。

③ while 圆括号后面有一个分号“;”，书写时不要忘记。

while 和 do-while 循环的比较：阅读下面两个片段程序。

片段程序(1)

```
int  sum=0, j;
     …
while(j<=5)
  {  sum=sum+j;
     j++; }
     …
```

片段程序(2)

```
int sum=0, j;
    …
do
{ sum=sum+j;
  j++; } while(j<=5);
    …
```

当 j 的初值为 1 时，两个片段程序中 sum 的值分别为：15 和 15；当 j 的初值变为 15 时，两个片段程序中 sum 的值分别为：0 和 15。

结论：

当处理同一问题时，一般情况下若 while 和 do-while 的循环体一样，则结果相同，但是若 while 语句的循环条件一开始就为假时，则结果不同。

3.3.3 for 循环语句

for 循环语句流程图如图 3-18 所示，其一般形式为：

```
for (表达式 1;表达式 2;表达式 3)
  {
```

```
    循环体;
  }
```

for 循环的执行过程为：

① 先求解表达式 1；

② 再求解表达式 2，若其值为真，则执行循环体一次；否则跳转第⑤步；

③ 然后求解表达式 3；

④ 转回上面步骤②继续执行；

⑤ 结束循环，执行 for 的后续语句。

【例 3-16】 用 for 循环结构来计算 1 +2 +3 + … +100 的值。

```
#include "stdio.h"
main()
{
  int i,sum=0;
  for (i=1;i<=100;i++)
   {
     sum=sum+i;
   }
 printf ("1+2+3+…+100=%d\n",sum);
}
```

程序运行结果如图 3-19 所示。

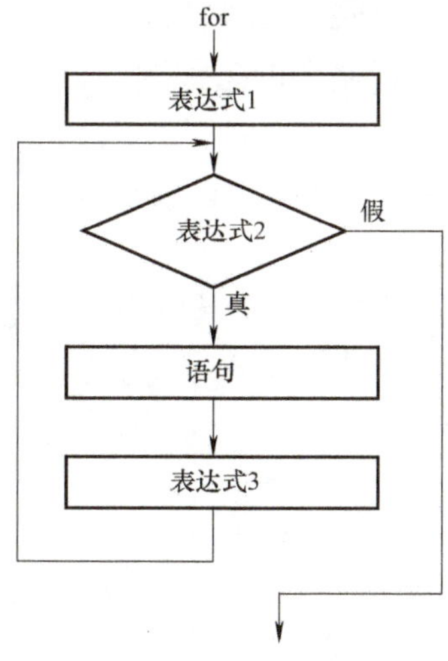

图 3-18　for 循环语句流程图

1+2+3+…+100=5050

图 3-19　【例 3-16】运行结果

从此例可以看出，用 for 语句与用 while 语句处理结果完全相同。显然，用 for 语句简单、方便。

对于以上 for 语句的一般形式也可以改写为 while 循环语句的形式：

表达式 1；

```
while(表达式2)
{
  循环语句;
  表达式3;
}
```

例如，以下 for 语句程序片段：

```
for (i=1;i<=5;i++)
 {
  a=a*i;
  printf ("%d%d\n",a,i);
}
```

完全等价于下面的 while 语句程序片段：

```
i=1;
while (i<=5)
{
  a=a*i;
  printf ("%d%d\n",a,i);
  i++;
}
```

说明：

① 表达式1一般为赋值表达式，用于进入循环之前给循环变量赋初值。

② 表达式2一般为关系表达式或逻辑表达式，用于执行循环的条件判定，它与 while、do-while 循环中的表达式作用完全相同。

③ 表达式3一般为赋值表达式或自增（i=i+1 可表示成 i++）、自减（i=i-1 可表示成 i--）表达式，用于修改循环变量的值。

④ 如果循环体部分是多个语句组成的，则必须用 {} 括起来，使其成为一个复合语句。

【例3-17】 编写程序，求 100~999 之间所有的水仙花数。所谓水仙花数，即是一个三位数，其个位、十位、百位上数字的立方和，恰好等于该数本身。

```
#include "stdio.h"
main()
{
  int i, j=1;
  int x1, x2, x3;
  for (i=100; i<=999; i++)
   {
    x1 =i %10;
    x2 =i%100/10;
```

```
        x3 = i/100;
        if ((x1 * x1 * x1 + x2 * x2 * x2 + x3 * x3 * x3) == i)
        {
          printf ("The %d's number is %d\n", j, i);
          j++;
        }
      }
```

用 for 循环时，循环从 100 开始，到 999 止，每次执行 i 加 1。对该区间里的每个数进行测试，看是否满足"个位、十位、百位上数字的立方和，恰好等于该数本身"的要求。如果满足，就是所求。

这里给出一种分离个位、十位等数字的方法，即若 i 是一个三位数，那么有以下关系成立：

```
x1 = i %10;                    /* 个位数 */
x2 = i%100/10;                 /* 十位数 */
x3 = i/100;                    /* 百位数 */
```

【例 3-18】 求 Sn = a + aa + aaa + … + aaa…a 之和。

假如 a = 2，n = 5，则 Sn = 2 + 22 + 222 + 2222 + 22222 之和。

```
#include "stdio.h"
main()
{
  int a = 2, n = 5 ,i;
  long Sn = 0;                 /* 将累加器初始化为 0 */
  long an = 0;                 /* 变量 an 初始化为 0 */
  i = 1;
  while(i <= n)
  {
    an = an * 10 + a;          /* 变量 an 依次循环演变成 2、22、222、…、22222 */
    Sn + = an;                 /* 实现累加 */
    i++;
  }
printf("a + aa + aaa + … + aa…a = %ld\n", Sn);
}
```

使用 for 语句时，应该注意以下几个问题：

① for 语句一般形式中的表达式 1 可以省略。但要注意省略表达式 1 时，其后的分号不能省略。此时，应在 for 语句之前给循环变量赋初值，例如：

```
i = 1;
for ( ;i <= 100;i ++ )
```

```
    sum = sum + i;
```

相当于:

```
for (i = 1;i <= 100;i ++)
    sum = sum + i;
```

② 如果省略表达式 2，即表示表达式 2 的值始终为真，循环将无终止地进行下去，也就是进入到死循环中，例如下面 for 循环的片段程序，

```
for (i = 1; ;i ++)
    sum = sum + i;
```

就相当于下面 while 循环的片段程序。

```
i = 1;
while(1)
{
    sum = sum + i;
      i ++ ;
}
```

在 C 语言中，一般应避免进入到死循环当中。因此，如果省略表达式 2，则应另外设计循环结束的语句（可以考虑使用 break 语句)。

③ 表达式 3 也可以省略，但也将产生一个无穷循环。因此，程序设计者应另外设法保证循环能正常结束，可以将循环变量的修改部分（即表达式 3）放在循环语句中控制，例如:

```
for (i = 1;i <= 100;)
{
    sum = sum + i;
    i ++ ;
}
```

上述 for 语句中没有表达式 3，而是将表达式 3（即 i ++）放在循环语句中，放在循环语句中与放在一般位置的作用相同，都能使循环正常结束。

④ 可以同时省略表达式 1 和表达式 3，即省略了循环的初值和循环变量的修改部分，此时完全等价于 while 语句，例如:

```
for ( ;i <= 100;)
{
  sum = sum + i;
  i ++ ;
}
```

相当于:

```
while (i <= 100)
{
```

```
 sum = sum + i;
  i ++ ;
}
```

在这种情况下，for 语句完全等同于 while 语句。可见 for 语句比 while 语句功能强，除了可以给出循环条件外，还可以赋初值，使循环变量自动增值等。

⑤ 3 个表达式都可省略，如：

```
for ( ; ; )
  循环体;
相当于:while (1)
        循环体;
```

即不设初值，不设判断条件（认为表达式 2 为真值），循环变量不增值，无终止地执行循环体。

⑥ 在 for 语句中，表达式 1 和表达式 3 也可以使用逗号表达式，即包含一个以上的简单表达式时，中间用逗号间隔。在逗号表达式内按从左至右的顺序求解，整个表达式的值为其中最右边表达式的值，例如：

```
for(fac =1,i =1; i <= n; i ++ )
     fac * =i;
```

⑦ 在 for 语句中，表达式一般为关系表达式（如 i <= 10）或逻辑表达式（如 x >0 || y < -4），但也可以是其他表达式（如字符表达式、数值表达式）。

⑧ for 语句的循环体语句可以是空语句。空语句用来实现延时，即在程序执行中等待一定的时间。需要注意的是，延时程序会因为计算机速度的不同而使执行的时间不同。如下面语句为延时程序的例子：

```
for (i =1;i <=1000;i ++ );
```

注意以上语句最后的分号不能省略，它代表一个空语句，这样的情况一般应用在单片机方面。

三种循环语句的比较：

① 在使用 while 和 do-while 语句时，必须在循环语句前初始化循环控制变量，但 for 语句却可以利用表达式 1 来初始化循环控制变量。

② 在使用 while 和 do-while 语句时，循环控制变量的改变必须放在循环体内，而 for 语句却可以利用表达式 3 来改变循环控制变量的值。

③ do-while 语句的循环体至少被执行一次，但 while 语句和 for 语句的循环体可能一次也执行不到。

④ while 语句和 do-while 语句中不能省略循环条件（即表达式），但 for 语句却可以省略循环条件（即表达式 2）。

⑤ 凡是用 while 语句能实现的循环，必然能用 for 语句实现，反过来也一样。

3.3.4 循环的嵌套

一个循环结构内又包含另一个完整的循环结构，称为循环嵌套。内嵌的循环中还可以嵌套循环，这就是多层循环。嵌套式的结构表明各循环之间是包含关系，即一个循环结构完全在另一个循环结构的里面。通常把里面的循环称为内循环，外面的循环称为外循环。

C 语言的三种循环语句即 for 语句、while 语句和 do-while 语句，既可以自身嵌套，也可以相互嵌套。循环嵌套的层数没有限制，但一般用得较多的是二重循环或三重循环。

有如下的循环嵌套语句片段：

```
int i, j, sum =0;
for (i =1; i <100; i ++)
{
   for (j =i; j <=100; j ++)
   {
      sum = sum +1;
   }
}
```

试问语句“sum = sum +1;”执行多少次？

因控制外循环的变量 i 是从 1 变到小于 100，一共 99 次，所以内循环这个整体将被执行 99 次。

内循环每次的执行次数（由变量 j 控制）与外循环变量 i 的当前值有关，是一个不定的数。

内循环第 1 次执行时，其循环控制变量 j 的初值为 1，所以它的循环体将执行 100 次；内循环第 2 次执行时，其循环控制变量 j 的初值为 2，所以它的循环体将执行 99 次；……；内循环第 99 次执行时，它的循环控制变量 j 的初值为 99，所以它的循环体将执行 2 次。那么内循环体共执行了：100 +99 + … +2 =5049 次。

【例 3-19】 百元买百鸡问题：假定小鸡每只 5 角，公鸡每只 2 元，母鸡每只 3 元。现在有 100 元钱要求买 100 只鸡，编程列出所有可能的购鸡方案。

解：设母鸡、公鸡、小鸡各为 x、y、z 只，根据题目要求，列出方程为：

$$x + y + z = 100$$

$$3x + 2y + 0.5z = 100$$

三个未知数，两个方程，此题有若干个解。

解决此类问题采用“试凑法”（或称“枚举法”），即将可能出现的各种情况一一测试，判断是否满足条件，一般采用循环来实现。

```
#include "stdio.h"
main()
{  int x,y,z;
   printf("\n     x     y     z\n");
   for(x =0;x <33;x ++)
   for(y =0;y <50;y ++)
     {  z =100-x-y;
```

```
            if  (3 * x + 2 * y + 0.5 * z == 100)
        printf("%5d%5d%5d\n",x,y,z);
          }
}
```

【练一练】 编程输出如下由“ * ”组成的三角形。

```
*
* * *
* * * * *
* * * * * * *
* * * * * * * * *
```

```
#include "stdio.h"
main()
    {
      int i,j;
      for(i=1;i<=5;i++)
        {
          for(j=1;j<=2*i-1;j++)
           printf(" * ");
          printf("\n");
        }
    }
```

3.3.5　break 与 continue 语句

1. break 语句

break 语句的一般形式为：

break;

该语句只用于两个场合：

1）在 switch 多分支选择结构中，当某个 case 后的语句执行完后遇到 break 时，就跳出 switch 结构。

2）在循环结构中，若遇到 break，就立即强制结束整个循环，跳到该循环的后续语句处执行。在多重循环的情况下，break 语句只能跳出一层循环，即从当前循环中跳出。

【例 3-20】 阅读下面的程序，看它输出什么结果。

```
#include"stdio.h"
main()
{
  int x;
  for(x=1; x<=10; x++)
  {
```

```
        if (x==5)
            break;
        printf ("%d\t", x);
    }
    printf ("\nBroke out of loop at x=%d\n", x);
}
```

程序让变量 x 从 1 变到 10 来控制语句“printf ("%d\ t", x);”的执行，把当前 x 的值打印出来。但如果 x 等于 5，那么就强行结束整个循环，去执行该循环的后续语句：

printf ("\nBroke out of loop at x=%d\n", x);

按照 for 的规定，循环应进行 10 次。但在 x 取值为 5 时，条件 x==5 成立执行 break，于是就强迫循环结束，后面的 5 次循环不再执行。程序执行过程中打印出的结果如下：

```
1    2    3    4
Broke out of loop at x=5
```

2. continue 语句

continue 语句的一般形式为：

continue;

在循环结构里遇到它时，就跳过循环体中它后面的其他语句（如果有的话），提前结束本次循环，接着去判断循环控制条件，以决定是否进入下一次循环。注意，该语句只能用在 C 语言的循环结构中 。

continue 语句和 break 语句的区别是：continue 语句只是结束本次循环，而不终止整个循环的执行；而 break 语句则是强制终止整个循环。

【例 3-21】 打印出数字 0~10，但跳过（即不输出）数字 7。

```
#include"stdio.h"
main()
{
    int i;
    for (i=0;i<=10;i++)
    {
        if (i==7)
        continue;
        printf ("%5d",i);
    }
}
```

程序运行结果为：

```
0    1    2    3    4    5    6    8    9   10
```

说明：

① 当 i 等于 7 时执行 continue 语句，它的作用是终止本次循环，即跳过“printf ("%

5d", i);" 语句，故不输出7；

② 如果程序中不用continue语句，循环体也可以改用一个语句处理 "if (i! =7)　printf ("%5d",i);"；

③ 如果在本例中将第7行 "continue;" 语句，改为 "break;" 语句，则输出结果为：

0　1　2　3　4　5　6

可以清楚地看出break语句是终止整个循环过程，它与continue语句作用是截然不同的。图3-20可以形象地说明break语句和continue语句的区别。

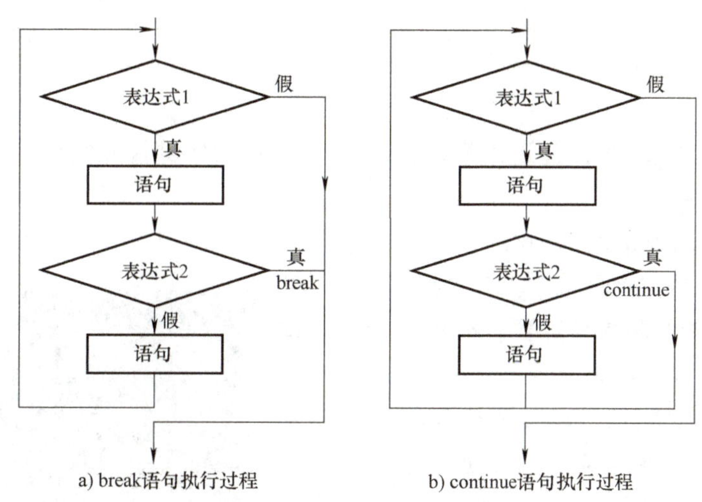

图3-20　break语句和continue语句的区别

【任务实施】

解题思路：程序运行后，首先进入登录界面。为了更好地与用户进行交互，可以利用输出语句打印出登录界面。接着提示用户输入密码，将用户的密码与系统密码进行比对，相等则表示密码输入正确，进入系统。因此，要先定义一个整型变量key以接收用户输入的密码，而系统密码可设置为符号常量，这里用宏定义来实现，这样有利于修改系统密码。

如果用户输入的密码不正确，则给出第二、三次输入密码的机会。可以使用循环来实现此功能，程序如下：

```
#include "stdio. h"
#define KEY 12345
main()
{  int  i=1,key;
   while(i<=3)
   {
     printf(" ~ ~ ~ ~ ~ ~ ~ ~ ~\n");
     printf(" ~欢迎进入系统~\n");
     printf(" ~ ~ ~ ~ ~ ~ ~ ~ ~\n");
```

```
        printf("请输入你的密码,你还有%d 次机会:\n",4-i);
        scanf("%d",&key);
        if(key==KEY)                    /*判断用户密码与系统密码是否相等*/
        {
        printf("欢迎进入银行系统!\n");  /*密码正确,利用 break 语句跳出循环*/
          break;
        }
        i++;
      }
      if(i==4)
      printf("很抱歉,你已经退出系统!\n");/*3 次密码都输入错误,退出系统*/
}
```

程序运行结果如图 3-21 所示。

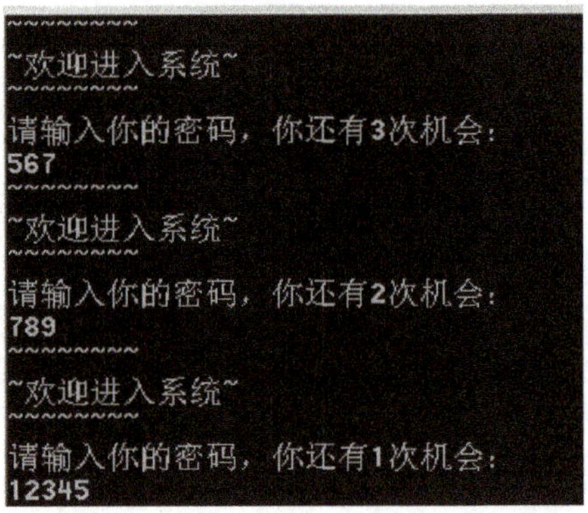

```
~~~~~~~~~
~欢迎进入系统~
~~~~~~~~~
请输入你的密码, 你还有3次机会:
567
~~~~~~~~~
~欢迎进入系统~
~~~~~~~~~
请输入你的密码, 你还有2次机会:
789
~~~~~~~~~
~欢迎进入系统~
~~~~~~~~~
请输入你的密码, 你还有1次机会:
12345
```

图 3-21　银行卡登录界面程序运行结果

【练一练】 编写一个具有“加”“减”“乘”和“除”四则运算功能的简易计算器，要求能反复多次操作，当输入“#”时退出。

思路分析：根据题意，定义两个实型数据和一个字符型数据，用来保存输入的数据和运算符，利用循环输入 3 个变量的值，采用 switch 语句，根据字符变量的值来判断执行的四则运算，最后打印输出结果。参考程序如下：

```
#include "math.h"    /*程序中调用了 fabs()函数,
                         其头文件为 math.h*/
#include "stdio.h"
main()
{
    float f1,f2;
    char ch='0';                         /*初始化运算符,使其不为#*/
    while(ch!='#')                       /*当运算符是#时退出循环*/
    {
      printf("请输入  第一个数据    运算符  第二个数据:");
      scanf("%f%c%f",&f1,&ch,&f2);
       switch(ch)                        /*根据输入的运算符选择对应的操作*/
       {
       case '+': printf("%f%c%f=%f\n",f1,ch,f2,f1+f2);
                 break;
       case '-': printf("%f%c%f=%f\n",f1,ch,f2,f1-f2);
```

```
                    break;
        case '*': printf("%f%c%f=%f\n",f1,ch,f2,f1*f2);
                    break;
        case '/':  if(fabs(f2)>0)              /*判断 f2 是否为 0*/
                    printf("%f%c%f=%f\n",f1,ch,f2,f1/f2);
                  else
                    printf("除数是 0"); break;
        default: printf("无效的运算符\n"); break;
        }
    }
}
```

程序运行结果如图 3-22 所示。

```
请输入    第一个数据     运算符     第二个数据:12/3
12.000000/3.000000=4.000000
请输入    第一个数据     运算符     第二个数据:10-9
10.000000-9.000000=1.000000
请输入    第一个数据     运算符     第二个数据:2+30
2.000000+30.000000=32.000000
请输入    第一个数据     运算符     第二个数据:5*6
5.000000*6.000000=30.000000
请输入    第一个数据     运算符     第二个数据:4#1
无效的运算符
```

图 3-22　简易计算器程序运行结果

小　　结

本单元重点介绍了选择结构和循环结构，主要介绍了以下几个方面：

1）printf()函数、scanf()函数、putchar()函数和 getchar()函数的使用；
2）if 语句的使用；
3）switch 语句的使用；
4）while 循环结构的形式、流程及使用；
5）do-while 循环结构的形式、流程及使用；
6）for 循环结构的形式、流程与使用；
7）循环结构的嵌套；
8）break 语句和 continue 语句。

习题 3

一、选择题

1. putchar()函数可以向终端输出一个（　　）。

A. 整型变量表达式　　B. 实型变量值
C. 字符串　　D. 字符或字符型变量值

2. printf()函数中用到格式符 %5s，其中数字 5 表示输出的字符占用 5 列。如果字符串长度大于5，则（　　）；如果字符串长度小于5，则（　　）。
A. 从左起输出该字符串，右补空格　　B. 按原字符串长从左向右全部输出
C. 右对齐输出该字符串，左补空格　　D. 输出错误信息

3. 以下关于 scanf()函数的说法正确的是（　　）。
A. 输入项可以为一个实型常量，如 scanf("%f",3.5)；
B. 只有格式控制，没有输入项，也能进行正确输入，如 scanf("a=%d,b=%d")；
C. 当输入一个实型数据时，格式控制部分应规定小数点后的位数，如 scanf("% 4.2f",&f)；
D. 当输入数据时，必须指明变量的地址，如 scanf("%f",&f)；

4. 已有如下定义和输入语句：
```
int a,b;
scanf("%d,%d",&a,&b);
```
若要求 a、b 的值分别为 11 和 22，正确的数据输入是（　　）。
A. 11　22　　B. 11,22　　C. a=11,b=22　　D. 11;22

5. 已有如下定义和输入语句：
```
int a; char c1,c2;
scanf("%d%c%c",&a,&c1,&c2);
```
若要求 a、c1 和 c2 的值分别为 40、A 和 A，正确的数据输入是（　　）。
A. 40AA　　B. 40　A A　　C. 40A　A　　D. 40,A,A

6. 若有定义“int x=1111,y=222,z=33;”，则语句“printf("%4d+%3d+%2d", x, y, z);”运行后的输出结果为（　　）。
A. 111122233　　B. 1111,222,33　　C. 1111　222　33　　D. 1111+222+33

7. 若已定义“int a=5;float b=63.72;”，以下语句中能输出正确值的是（　　）。
A. printf("%d　%d",a,b);　　B. printf("%d　%.2f",a,b);
C. printf("%.2f　%.2f",a,b);　　D. printf("%.2f　%d",a,b);

8. 以下叙述中不正确的是（　　）。
A. 调用 printf()函数时，必须要有输出项
B. 调用 putchar()函数时，必须在之前包含头文件 stdio.h
C. 在 C 语言中，整数可以以十进制、八进制或十六进制的形式输出
D. 调用 putchar()函数时可以不要输出项

9. 已知字符 A 的 ASCII 代码值为 65，以下程序运行时若从键盘输入：B33 <Enter>，则输出结果是（　　）。
```
#include "stdio.h"
main()
{
```

```
    char a,b;
    a = getchar();
  scanf("%d",&b);
    a = a-'A' + '0';
    b = b * 2;
    printf("%c   %c",a,b);
}
```

A. 程序段有语法错　B. 1　B　C. 1　65　D. 1　b

10. 若变量已正确定义，有以下程序片段：

```
int a = 3,b = 5,c = 7;
if(a > b) a = b; c = a;
if(c! = a) c = b;
printf("%d,%d,%d\n",a,b,c);
```

则其输出结果是（　　）。

A. 程序段有语法错　B. 3,5,3　C. 3,5,5　D. 3,5,7

11. 当把以下4个表达式用于if语句的控制表达式时，有一个选项与其他3个选项含义不同，这个选项是（　　）。

A. k%2　B. k%2 == 1　C. (k%2)! = 0　D. !k%2 == 1

12. 下列条件语句中，功能与其他语句不同的是（　　）。

A. if(a) printf("%d\n",x); else printf("%d\n",y);

B. if(a == 0) printf("%d\n",y); else printf("%d\n",x);

C. if (a! = 0) printf("%d\n",x); else printf("%d\n",y);

D. if(a == 0) printf("%d\n",x); else printf("%d\n",y);

13. 在嵌套使用if语句时，C语言规定else总是（　　）。

A. 和之前与其具有相同缩进位置的if配对　B. 和之前与其最近的if配对

C. 和之前与其最近的且不带else的if配对　D. 和之前的第一个if配对

14. 有以下程序：

```
main()
{
    int a = 5,b = 4,c = 3,d = 2;
    if(a > b > c)
        printf("%d\n",d);
    else if((c-1 >= d) == 1)
        printf("%d\n",d + 1);
    else
        printf("%d\n",d + 2)
}
```

其执行后输出结果是（　　）。

A. 2　　B. 3

C. 4　　D. 编译时有错，无结果

15. 下列叙述中正确的是（　　）。

A. beak 语句只能用于 switch 语句

B. 在 switch 语句中必须使用 default 语句

C. break 语句必须与 switch 语句中的 case 配对使用

D. 在 switch 语句中，不一定使用 break 语句

16. 有以下程序：

```
#include <stdio.h>
main()
{
   int x=1,y=0,a=0,b=0;
 switch(x)
 {
 case 1:
 switch(y)
 {
   case 0: a++; break;
   case 1: b++; break;
 }
 case 2: a++; b++; break;
 case 3: a++; b++;
 }
printf("a=%d,b=%d\n",a,b);
}
```

则程序的运行结果是（　　）。

A. a=1,b=0　　B. a=2,b=2　　C. a=1,b=1　　D. a=2,b=1

17. 下面关于 for 循环的正确描述是（　　）。

A. for 循环只能循环次数已经确定的情况

B. for 循环是先执行循环体语句，后判断终止条件

C. 在 for 循环中，不能用 break 语句跳出循环体

D. 在 for 循环的循环体语句中，可以包含多条语句，但必须用花括号括起来

18. 对 for（表达式 1;; 表达式 3）可以理解为（　　）。

A. for（表达式 1; 0; 表达式 3）　　B. for（表达式 1; 1; 表达式 3）

C. for（表达式 1; 表达式 1; 表达式 3）　　D. for（表达式 1; 表达式 3; 表达式 3）

19. 若有“int m;”，则以下循环执行次数是（　　）。

```
for(m=2;m==0;)
```

A. 无限次　B. 0次　C. 1次　D. 2次

20. 下面程序段的运行结果是（　　）。

```
for(i=0;i<5;i++)
{
    if(i==2) continue;
    printf("%d",i);
}
```

A. 01　B. 0134　C. 01234　D. 不打印

21. 执行语句“for(n=1;n++<4;);”后变量n的值是（　　）。

A. 3　B. 4　C. 5　D. 不定

22. 以下正确的描述是（　　）。

A. continue语句的作用是结束整个循环的执行

B. 只能在循环体内和switch语句体内使用break语句

C. 在循环体内使用break语句和continue语句的作用相同

D. 从多层循环嵌套中退出时，只能使用break语句

23. 若有以下定义“float x; int a, b;”，则正确的switch语句是（　　）。

A.
```
switch(x)
{
  case 1.0:printf("*\n");
  case 2.0:printf("**\n");
}
```

B.
```
switch(x)
{
  case 1,2:printf("*\n");
  case 3:printf("**\n");
}
```

C.
```
switch(a+B)
{
  case 1:printf("\n");
  case  1+2:printf("**\n");
}
```

D.
```
switch(a+b);
{
  case 1:printf("*\n");
  case 2:printf("**\n");
}
```

二、填空题

1. 若变量x、y、z都是int型的，现有语句：

scanf（“%3d%4d%2d”, &x, &y, &z）;

假定在键盘上输入123456789（按<Enter>键），那么变量x的值是________，y的值是________，z的值是________。

2. 以下程序的输出结果是________。

```
main()
{
  int a=177;
  printf("%o\n",a);
```

```
}
```

3. 以下程序的输出结果是________。

```
main()
{
  int a=5,b=4,c=6,d;
  printf("%d\n",d=a>b? (a>c? a:c):(b));
}
```

4. 有如下程序：

```
main()
{
  int a=2,b=-1,c=2;
  if(a<b)
  if(b<0) c=0;
  else c++;
  printf("%d\n",c);
}
```

则该程序的输出结果是________。

5. 有以下程序：

```
main()
{
  int y=10;
  while(y--);
  printf("y=%d\n",y);
}
```

则程序执行后的输出结果是________。

6. 以下程序的功能是将输入的正整数按逆序输出。例如，若输入 135，则输出 531，请填空。

```
#include <stdio.h>
main()
{
    int n,s;
    printf("Enter a number:");
    ________;
    printf("Output: ");
    do
    {
    s=n%10;
```

```
    printf("%d",s);
    ________;
    } while(n!=0);
  printf("\n");
  }
```

7. 以下程序的输出结果是________。

```
#include "stdio.h"
main()
{
  int m=7,n=5,i=1;
  do
  {
    if(i%m==0)
    if(i%n==0)
    {
    printf("%d\n",i);break;}
    i++;
  }while(i!=0);
}
```

8. 若执行下面的程序时，从键盘上输入3和4，则输出结果是________。

```
#include "stdio.h"
main()
{
  int a,b,s;
  scanf("%d%d",&a,&b);
  s=a;
  if(a&&b)   printf("%d\n",s);
  else   printf("%d\n",s--);
}
```

9. 以下程序的输出结果是________。

```
#include "stdio.h"
main()
{ int i,j;
  for(i=0;i<5;i++)
    {
      for(j=1;j<10;j++)
        if(j==6)
```

```
            break;
          if(i<3)
          continue;
          if(i>3)
          break;
    }
  printf("i=%d,j=%d\n",i,j);
}
```

三、程序阅读题

1. 阅读以下程序，写出程序的运行结果。

```
#include "stdio.h"
main()
{
  int i=0,a=0;
  while(i<20)
  {
   for( ; ; )
     if(i%10==0) break;
     else  i--;
   i+=11;a+=i;
  }
  printf("%d\n",a);
}
```

2. 阅读以下程序，写出程序的运行结果。

```
#include <stdio.h>
main()
 {
  int i,j,b=0;
  for(i=0;i<3;i++)
     for(j=0;j<2;j++)
     if(j>=i ) b++;
  printf("%d\n",b);
}
```

3. 阅读以下程序，写出程序的运行结果。

```
#include <stdio.h>
main()
{
```

```
  int x =8;
  for( ; x >0; x -- )
  {
   if(x%3)
    {
      printf("%d, ",x -- );
      continue;
    }
   printf("%d, ", -- x);
  }
}
```

4. 阅读以下程序，写出程序的运行结果。

```
#include <stdio.h>
main()
{
   int i,j,x =0;
   for(i =0;i <2;i ++ )
   {
      x ++ ;
      for(j =0;j <=3;j ++ )
      {
       if(j%2) continue;
       x ++ ;
      }
    x ++ ;
   }
   printf("x = %d\n",x);
}
```

5. 阅读下面的程序，说明程序的运行结果。

```
#include <stdio.h>
main()
{
  int x =10,y =20,t;
  if(x! =y)
  {
   t =x;
   x =y;
```

```
    y = t;
  }
  printf("%d,%d\n",x,y);
}
```

6. 输入下面的程序，观察运行结果并说明程序的功能。

```
#include <stdio.h>
main()
{
   int x = 20;
   if (x >=0)
      if (x < 50)
         printf("x  is ok\n");
      else
   printf("x  is  not  ok\n");
}
```

7. 阅读以下程序，写出程序的运行结果。

```
#include <math.h>
main()
{
  float sum,jc;
  int m,i;
  sum = 0;
  for(m = 1;m <= 20;m = m + 1)
    {
      jc = 1;
      for (i = 1;i <= m;i ++ )
      jc = jc * i;
      printf("jc = %f\n",jc);
      sum = sum + jc;
    }
  printf("sum = %e\n",sum);
}
```

四、程序设计题

1. 编写程序，输入三角形的 3 个边长 a、b、c，求三角形的周长。
2. 从键盘上输入一个大写字母，将其转换成小写字母并输出。
3. 从键盘输入三个正整数，按由大到小的顺序输出。
4. 从键盘输入一个正整数，判断它是否既能被 3 整除，又能被 7 整除。如果能，就输出“YES”，否则输出“NO”。

5. 编写程序实现：求下列函数的值。

$$y=\begin{cases}x+5(x>=0)\\x-5(x<0)\end{cases}$$

6. 编程计算 1 ~ 100 之间是 7 的倍数的所有数值之和。

7. 编写程序，利用下面公式求 π 的近似值：

$\pi^2/6=1/1^2+1/2^2+1/3^2+1/4^2+\cdots$，直到某项绝对值不大于 10^{-12} 为止。

8. 编写一个程序，求

s = 1 + (1 + 2) + (1 + 2 + 3) + …… + (1 + 2 + 3 + 4 + …… + n) 的值。

9. 编程求出 1000 以内的所有完全数。若一个数恰好等于它的因子之和（除自身外），则称该数为完全数，例如：6 = 1 + 2 + 3，故 6 是完全数。

10. 编写一个程序，打印九九乘法表，即

第一行为 1 * 1 = 1　1 * 2 = 2　…　1 * 9 = 9；

第二行为 2 * 1 = 2　2 * 2 = 4　…　2 * 9 = 18；

……

第九行为 9 * 1 = 9　9 * 2 = 18　…　9 * 9 = 81。

单元 4

数组和字符串

【教学目的】

通过本单元的学习，要求理解一维数组、二维数组和字符数组的定义及初始化，熟练掌握数组元素的引用、赋值、输入和输出，并能运用数组解决数值和非数值在数据处理中的典型问题。

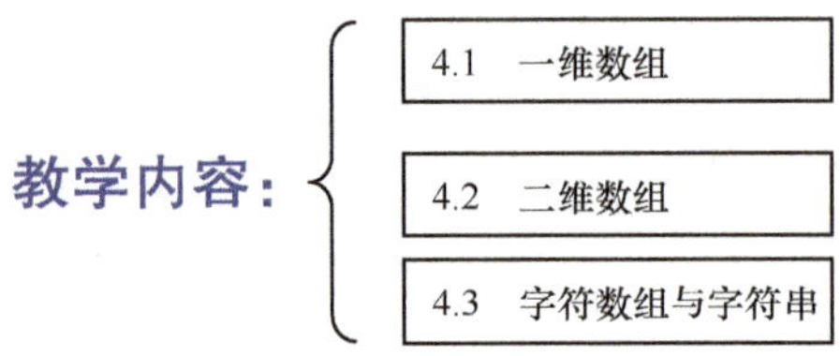

【重点难点】

重点：

① 一维数组的定义与初始化；

② 一维数组的引用；

③ 二维数组的定义与初始化。

难点：

① 二维数组的引用；

② 字符数组的定义、初始化及引用；

③ 字符数组处理函数。

任务一 学生成绩排序

【任务描述】

学校举行 C 语言知识大赛，有 10 位学生参赛，请从键盘输入该 10 位学生的成绩，并对其进行从高到低的排序。

【关键知识点】

① 一维数组的定义与初始化；

② 一维数组的引用。

【相关知识】

4.1　一维数组

在程序设计中，为了处理方便，我们把具有相同类型的若干变量有序地组织起来，用对应的序号来区分这个集合中的一个个元素，这些按序排列的同类型数据元素的集合就称为数组。

在实际应用中，有时要处理的数据量可能很大，例如要对几千名学生的成绩从高到低排序。对于这种需要处理大批相同类型数据的情况，在程序设计中最有效的办法就是使用数组。

数组和循环相结合，编写出的程序魅力无穷。

4.1.1　一维数组的定义与初始化

1. 一维数组的定义

在 C 语言中使用数组也要遵循先定义后使用的原则。

一维数组的定义格式为：

存储类别 数据类型 数组名 [常量表达式]；

其中“存储类别”可以是 auto（自动型）、static（静态型），存储类别省略时，C 语言默认为 auto；“数据类型”可以是学过的基本类型，如 int、char、float 或 double 等，也可以是后面单元学到的指针型、结构型等；“数组名”的命名应遵守标识符的规则；“常量表达式”可以是整型常量，也可以是符号常量，它表示数组的元素个数。

例如“int a[8];”定义了一个名为数组 a，数组中有 8 个整型元素的数组，在内存中占 2*8=16 个字节的存储空间。

C 语言规定，一个数组中的元素下标必须从 0 开始。所以定义数组时，若“常量表达式”为 n，则元素下标只能从 0 到 n-1。

比如“char array[5];”中每个元素的名称分别为 array[0]、array[1]、array[2]、array[3]、array[4]。该数组中不存在 array[5]这个元素。char array[5]数组在内存中占 5 个字节的存储空间。

数组名既可以当名字来用，也可以表示该数组的首地址。

2. 一维数组的初始化

定义数组时给数组元素赋初值就叫数组的初始化。

一维数组初始化的格式为：

存储类别 数据类型 数组名 [常量表达式]={常量 1，常量 2，常量 3，…}；

数组元素的初值必须依次放在一对大括号内，各值之间用逗号隔开。

例如 float x[10]={0.1,1.1,2.1,3.1,4.1,5.1,6.1,7.1,8.1,9.1}；

表示名为 x 的数组有 10 个元素，存储类型是 auto，数据类型是 float，各元素的初值分别为：

x[0] =0.1、x[1] =1.1、x[2] =2.1、x[3] =3.1、x[4] =4.1、x[5] =5.1、x[6] =6.1、x[7] =7.1、x[8] =8.1、x[9] =9.1。

关于数组元素初始化，有 4 种情况需要注意：

① 在给数组所有元素赋初值时，可以不指定数组长度（但是方括号一定要有），例如

int a[ ] = {1,2,3,4,5};

char ch[ ] = {'a', 'b', 'c', 'd', 'e', 'f'};

系统会自动定义数组 a 的长度为 5，数组 ch 的长度为 6。

② 若数组说明时给出了长度，但只依次为前几个元素赋初值，那么 C 语言将自动对余下元素赋初值：为数值型的赋 0（或 0.0），为字符型的赋空字符。比如：

int b[5] = { 2,4,6};

则 b[0] =2、b[1] =4、b[2] =6、b[3] =0、b[4] =0。

再比如：

char ch1[4] = {'a', 'A' , 'M'};

则 ch1[0] ='a'、ch1[1] ='A'、ch1[2] ='M'、ch1[3] ='\0'。

③ 若数组的存储类型是 static，那么该数组所有元素都是静态型变量，比如

static ch2[5] = {'f', 'g'} ,ch3[6];

该语句说明了两个数组 ch2 和 ch3 都是静态型的字符数组。

对数组 ch2，它的 5 个元素分别是

ch2[0] ='f'、ch2[1] ='g'、ch2[2] ='\0'、ch2[3] ='\0'、ch2[4] ='\0'。

对数组 ch3，说明时并没有赋任何元素初值，因此它的 6 个元素将由系统分别赋予默认初值，分别是 ch3[0] ='\0'、ch3[1] ='\0'、ch3[2] ='\0'、ch3[3] ='\0、ch3[4] ='\0'、ch3[5] ='\0'。

④ 若数组说明时给出了长度，并对元素进行了初始化，那么所列出的元素初始值的个数，不能多于数组元素的个数。否则 C 语言就会判定为语法错误，例如

int a[5] = {1,2,3,4,5,6,7,8};

就是一种错误的数组初始化方式。

【例 4-1】 编写一个程序，首先给数组初始化，然后再把里面的元素倒序输出。

```
#include <stdio.h>
main()
{
    int a[10] = {0,1,2,3,4,5,6,7,8,9}, i;
     for(i =9;i >=0;i --)
     {
         printf("%3d",a[i]);
     }
}
```

程序运行结果如图 4-1 所示。

```
D:\PROGRA~1\Win-TC\projects\shuzu1.exe
 9  8  7  6  5  4  3  2  1  0_
```

图4-1　【例4-1】运行结果

4.1.2　一维数组的引用

C语言规定数组不能以整体形式参与数据处理，只能逐个引用数组元素。一维数组的引用方式为：

数组名［下标］;

其中下标可以是整型常量、整型变量或整型表达式，例如有定义

int a[10],i=2;

则 a[0]=a[1]+a[i]+a[i+3]，就是正确的表达式。

【例4-2】　求一维数组元素中的最大值及其所在下标。

求最值及其位置是数组中一种常用的算法，比如有一个存储5个学生成绩的数组：

int a[5]={65,89,73,95,45};

在这5个成绩中很容易找出其中的最高分，就是 a[3]=95。但如果不是5个成绩，而是500个成绩呢？我们就不能一眼看出了，而要不断地从一个个成绩里搜寻那个最大值。那么怎样在数组中找最大或最小值呢？

其实，求最值是一个重复比较的过程。

下面以5个数为例，看看如何找出5个数中的最大值。

　　4　8　2　15　1

用 max 来表示最大值，loca 表示其所在下标。

① 首先假设第一个数就是最大值，即 max=4，loca=0;

② 把 max 和第二个数比较，8比 max 大，于是 max=8，loca=1;

③ 把 max 和第三个数比较，2不比 max 大，max 和 loca 都不变；

④ 把 max 和第四个数比较，15比 max 大，于是 max=15，loca=3;

⑤ 把 max 和第五个数比较，1不比 max 大，于是 max 和 loca 都不变；

⑥ 最后，max=15，loca=3。

归纳起来，对于n个数，要求其中的最大值，基本思路是这样的：

① 假设第一个数就是最大值 max，loca 表示其所在下标。

② 把 max 和下一个数比较，如果下一个数比 max 大，则将该数赋给 max 并将下标值赋值给 loca。如果下一个数不比 max 大，则 max 和 loca 都不变。

③ 重复第二步，直到比较到最后一个数为止。

下面给出一个完整的程序：

```
#include <stdio.h>
main()
{
    int a[5]={80,67,76,87,78};
```

```
    int i,max,loca;
    max = a[0]; loca =0;          /* 假设第一个元素就是最大值,loca 保存其下标 */
    for(i =1;i <5;i ++)
     if(max < a[i])
     {
         max = a[i];
         loca = i;
     }
    printf("max = a[%d] = %d\n", loca,max);
}
```

程序运行结果如图 4-2 所示。

图 4-2 【例 4-2】运行结果

【例 4-3】 冒泡法排序（从小到大排序）

排序是数组的一个基本操作，即将数组中的元素按升序或降序排列。

冒泡法排序是一种典型的排序方法，以升序为例，冒泡法排序的基本思想是：

1）从前向后，依次比较相邻的两个元素，如果后面的元素比前面的小，就将二者交换，否则不变。如此反复比较，直到最后两个元素。此时，最大值已换到了最末位置，即最后一个元素已排好。

2）对剩余元素重复第一步，直至将所有元素排好为止。

现以 6 个数“3、7、5、6、8、0”为例。

第一趟排序情况如下：

第一次把 3 和 7 比较，不交换，比较结果是：3 7 5 6 8 0；

第二次把 7 和 5 比较，要交换，比较结果是：3 5 7 6 8 0；

第三次把 7 和 6 比较，要交换，比较结果是：3 5 6 7 8 0；

第四次把 7 和 8 比较，不交换，比较结果是：3 5 6 7 8 0；

第五次把 8 和 0 比较，要交换，比较结果是：3 5 6 7 0 8。

在第一趟排序中，6 个数比较了 5 次，把 6 个数中的最大数 8 排在了最后。

第二趟对第一次排序后的结果“3 5 6 7 0 8”再次进行，情况如下：

第一次把 3 和 5 比较，不交换，比较结果是：3 5 6 7 0 8；

第二次把 5 和 6 比较，不交换，比较结果是：3 5 6 7 0 8；

第三次把 6 和 7 比较，不交换，比较结果是：3 5 6 7 0 8；

第四次把 7 和 0 比较，要交换，比较结果是：3 5 6 0 7 8。

在第二趟排序中，最大数 8 不用参加比较，其余的 5 个数比较了 4 次，把其中的最大数

7 排在最后，排出 7 和 8。

以此类推：

第三趟比较 3 次，排出 6 7 8；

第四趟比较 2 次，排出 5 6 7 8；

第五趟比较 1 次，排出 3 5 6 7 8；

最后还剩下 1 个数 0，不需再比较，得到排序结果为：0 3 5 6 7 8。

从上述过程可以看到：n 个数要比较 n-1 趟，而在第 j 趟比较中，要进行 n-j 次两两比较。

程序如下：

```
#include <stdio.h>
main()
{
int a[6],i,j,t;
printf("please input array a: ");
for(i=0;i<6;i++)
    scanf("%d",&a[i]);                          /*从键盘输入6个要被排序的数据*/
for(j=0;j<5;j++)                                /*控制比较的趟数 */
  for(i=0;i<5-j;i++)                            /*两两比较的次数 */
    if(a[i]>a[i+1])
    {
        t=a[i];a[i]=a[i+1];a[i+1]=t; }          /*实现交换,将小数排在前,大数排在
                                                  后*/
  printf("after sorted:\n");
      for(i=0;i<6;i++)
      printf("%d  ",a[i]);
  printf("\n");
}
```

运行结果如图 4-3 所示。

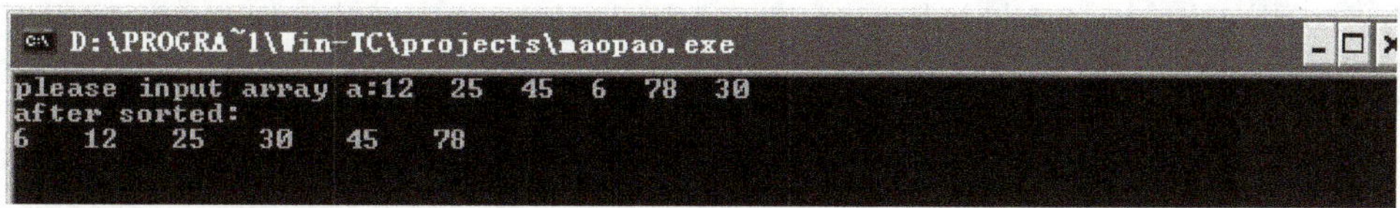

图 4-3 【例 4-3】运行结果

【任务实施】

解题思路：解决此任务的主要思路还是排序，是从高到低来排序，那么我们可以借鉴冒

泡法。冒泡法是从小到大排序，而本任务则把顺序反过来就行。

解题步骤：

① 定义一个数组存放成绩；

② 循环输入 10 个分数；

③ 从数组第一个元素开始逐个比较，将成绩高的排在前面，成绩低的排在后面。

④ 排序结束后，把新的数组打印出来，就是从高到低的成绩单。程序如下：

```
#include <stdio.h>
main()
{int i,j,t;
float s[10]
 printf("请输入 10 个学生的 C 语言成绩:\n");
 for(i=0;i<10;i++)
     scanf("%f",&s[i]);                    /*从键盘输入 10 个成绩*/
 for(j=0;j<10;j++)                         /*要比较 9 趟*/
   for(i=0;i<10-j;i++)                     /*两两比较的次数*/
   if(s[i]<s[i+1])
   {
   t=s[i];
   s[i]=s[i+1];
   s[i+1]=t;
   }                                       /*实现成绩高的排在前,成绩低的在后*/
printf("从高到低的成绩单为:\n");
for(i=0;i<10;i++)
   printf("%f  ",s[i]);
printf("\n",s[i]);
}
```

【练一练】 用初始化方法，把某 10 个学生的 C 语言参赛成绩存储在数组中，再从键盘输入一个成绩，查找该成绩是否在数组中，如果是，则输出它是第几名学生的成绩，如果没查到，请给出提示信息“not found”。

解题步骤：

① 定义并初始化数组 score [10]，下标变量为 i，变量 s 存放从键盘输入的成绩；

②从键盘输入一个成绩 s；

③ 将 s 与数组 score 的第一个元素对比，如果不同，则再与 score 下一个元素比较，如果相同，则将其下标值加 1 表明输入成绩是第几个学生的成绩，并输出。如果没查到，就输出“not found”。参考程序如下：

```
#include <stdio.h>
main()
```

```
{
  int i;
  float score[10] = {87,95,90,100,87,85,84.5,79.5,77,75};
  float s;
  printf("请输入一个学生考分:\n");
  scanf("%f",&s);
  for(i =0;i<10;i++)
  {
   if(score[i]==s)
    {
      printf("是第%d名学生的成绩\n,i+1");
   }
   else
printf("not found!\n");
  }
}
```

任务二 输出班级中个子最高同学的身高

【任务描述】

新生入校参加军训，12 名同学站成了 3 行 4 列，试用 C 语言程序来帮助教官从键盘输入学生的身高，并求出个子最高同学的身高。

【关键知识点】

① 二维数组的定义与初始化；
② 二维数组的引用。

【相关知识】

4.2 二维数组

4.2.1 二维数组的定义与初始化

1. 二维数组的定义

与一维数组相同，二维数组也必须先定义，后使用。定义二维数组的格式为：

存储类型 数据类型 数组名 [长度 1] [长度 2];

其中存储类型、数据类型、数组名都与一维数组相同。长度 1 和长度 2 是括在方括号里的整型常量，其数值的乘积表示该数组所拥有的元素个数，例如：

int a[3][4];

定义了 a 为 3×4（3 行 4 列）的整型数组。该数组有 12 个元素，分别为：

a[0][0]　a[0][1]　a[0][2]　a[0][3]

a[1][0]　a[1][1]　a[1][2]　a[1][3]

a[2][0]　a[2][1]　a[2][2]　a[2][3]

为处理二维数组，C 语言先把二维数组看成是有“长度 1”这么多个元素的一维数组，每个元素的名为：数组名 [0]、数组名 [1]、……、数组名 [“长度 1” -1]。然后再把该一维数组的每个元素看作是有“长度 2”这么多个元素的一维数组。

这样，数组 a 先视为一个有 3 个元素的一维数组，其元素名分别是：a[0]、a[1]、a[2]（其实就是 3 行）。随之，再把 a[0] 视为一个有 4 个元素的一维数组，它的元素分别是：a[0][0]、a[0][1]、a[0][2]、a[0][3]。同理 a[1] 也被视为一个有 4 个元素的一维数组，它的元素分别是：a[1][0]、a[1][1]、a[1][2]、a[1][3]。同理 a[2] 也被视为一个有 4 个元素的一维数组，它的元素分别是：a[2][0]、a[2][1]、a[2][2]、a[2][3]。

二维数组中元素的排列顺序是按行存放，即在内存中先顺序存放第一行的元素，再存放第二行的元素。

2. 二维数组的初始化

在说明二维数组的同时，对每个元素赋予初始取值，这就是所谓的二维数组的初始化。

二维数组也可以在定义时对指定元素赋初值，可以用以下方法对二维数组进行初始化：

1）按行分段赋值，例如：

int a[3][4] = {{1,2,3,4},{5,6,7,8},{9,10,11,12}};

说明了一个名为 a 的 int 型二维数组，共有 12 个元素。

2）将所有的初值写在一个大括号内，按数组元素的排列顺序对各个元素赋初值，例如：

int a[3][4] = {1,2,3,4,5,6,7,8,9,10,11,12};

3）分行进行初始化时，可只对部分元素赋初值，剩余元素的初值由系统自动补齐：若是数值型的，就赋予 0（或 0.0）；若是字符型的，就赋予空字符，比如语句：

int a[3][4] = {{1},{4},{11}};

又比如：

int a[3][4] = {{1,2},{},{0,10}};

作用就是使 a[0][0] =1、a[0][1] =2、a[2][1] =10，数组的其他元素都为 0。

4）若是对二维数组的全部元素进行初始化，那么在数组说明语句中，“长度 1”可以省略不写，但第二维长度不能省略，比如语句：

int a[][4] = { 1, 2, 3, 4, 5, 6, 7, 8, 9, 10, 11, 12};

等同于下面语句：

int a[3][4] = {{1, 2, 3, 4}, {5, 6, 7, 8}, {9, 10, 11, 12}};

或 int a[3][4] = {1, 2, 3, 4, 5, 6, 7, 8, 9, 10, 11, 12};

【练一练】 下面对二维数组的定义都是错误的，请读者一一指正出来。

① int a[ ][ ],b[ ][2],c[3][ ];

② float x[3][ ] = {1.0,2.0,3.0,4.0,5.0,6.0};

③ int m[2][4] = {1,2,3,4,5,6,7,8,9};

4.2.2 二维数组的引用

二维数组的每个元素都是变量，可以直接赋值。所以，在程序中通过向数组元素赋值的方法，就能使它们获得取值。把二维数组中的每个元素当成普通的变量来使用，这就是所谓的二维数组的引用。

【例4-4】 一个3行3列的二维数组，元素顺序取值为1、2、3、4、5、6、7、8、9。把该数组的行、列元素对调，构成一个新的二维数组，打印输出新、老数组的各个元素。

```
#include "stdio.h"
main()
{
    int j, k;
    int New[3][3], old[3][3] = {1, 2, 3, 4, 5, 6, 7, 8, 9};
    printf ("The old array:\n");
    for (j=0; j<3; j++)
     {
     for (k=0; k<3; k++)
     {
         printf ("%4d", old[j][k]);
         New[k][j] =old[j][k];
     }
     printf ("\n");
     }
    printf ("The new array:\n");
    for (j=0; j<3; j++)
     {
     for (k=0; k<3; k++)
     printf ("%4d", New[j][k]);
     printf ("\n");
    }
}
```

程序中应定义两个3*3的二维数组。对调后的结果，存放在名为new的二维数组里。程序运行结果如图4-4所示。

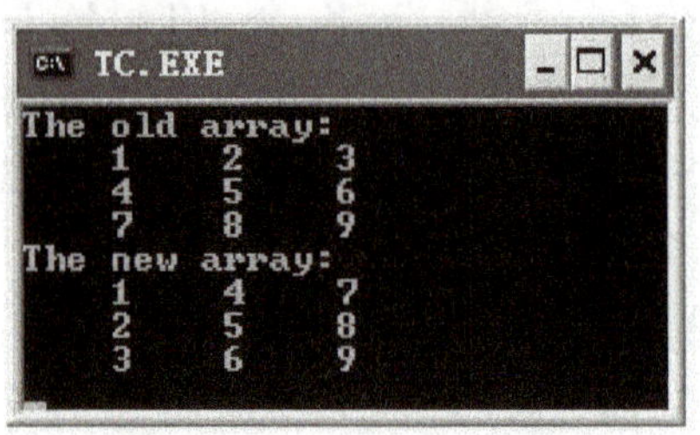

图 4-4 【例 4-4】运行结果

【任务实施】

解题思路：

① 定义 3 行 4 列的二维数组 H 存放身高数据；

② 定义变量 h，用来存放个子最高同学的身高，并赋初值为 0；

③ 构造双重循环将身高逐个与 h 比较，如果比 h 大，就存入 h，再进行下一个比较，如果不比 h 大，则直接进行下一个比较，直到 12 个元素全部比较过。

④ 将 h 输出，就是所求结果。

```
#include "stdio.h"
main()
{
 int H[3][4] = {160,158,180,172,165,178,175,168,190,181,163,173};
 int i,j,h =0;
 for(i =0;i <3;i ++)
   for(j =0;j <4;j ++)
     if(h <H[i][j])
       h =H[i][j];
 printf("最高同学的身高是:%d\n",h);
}
```

【练一练】 编写一个程序，要求输出矩阵 A 中取值最大的元素，以及它所在的行号、列号。已知矩阵 A 如下：

$$A = \begin{pmatrix} 2 & 6 & -9 & 10 \\ 9 & 1 & 0 & 65 \\ -13 & 45 & 7 & -10 \end{pmatrix}$$

解题思路：

① 定义并初始化二维数组 a；

② 事先假定第一个元素就是最大值，定义变量 max 用来存放最大元素的值（初始化 max = a[0][0]，即假定第一个元素就是最大值），定义 r 表示最大元素所在的行号，定义 c 表示最大元素所在的列号；

③ 构造双重循环将矩阵里的每个元素逐个与 max 比较，如果比 max 大，就存入 max，再进行下一个比较，如果不比 max 大，则直接进行下一个比较，直到 12 个元素全部比较过。

程序编写如下：

```
#include <stdio.h>
main()
{
  int a[3][4] = {2,6, -9, 10, 9, 1, 0, 65, -13, 45, 7, -10}; /*定义并初始化二维数组 a*/
  int j, k, r, c, max = a[0][0];                              /*先假定第一个元素就是最大值*/
  for (j =0; j <3; j ++)
   for (k =0; k <4; k ++)
     {
     if (max < a[j][k])
      {
          max = a[j][k]; r =j; c = k;                         /*逐个比较*/
      }
     }
   printf ("矩阵中元素最大值为:%d,它所在的行号是:%d,列号是:%d\n", max, r, c);
}
```

任务三　用 C 语言实现成语接龙游戏

【任务描述】

某单位举行春节晚会，其中一个节目就是成语接龙，请你将两个任意输入的习语，比如“no pain”和“no gain”连接起来，并输出结果，试用 C 语言编程实现。

【关键知识点】

① 字符数组的定义、初始化及引用；

② 字符数组处理函数。

【相关知识】

4.3　字符数组与字符串

4.3.1　字符数组的定义、初始化及引用

1. 字符数组的定义

一维字符数组的一般格式为：

类型说明符 数组名［常量表达式］;

例如:

char str1[20];

定义了 str1 为一维字符数组，该数组包含 20 个元素，最多可以存放 20 个字符型数据。

二维字符数组的一般格式为:

类型说明符 数组名［常量表达式 1］［常量表达式 2］;

例如:

char a[3][20];

定义了 a 为二维字符数组，该数组有 3 行，每行 20 列，该数组最多可以存放 60 个字符型数据。

注意：字符型数据在内存中是以 ASCII 码方式存储的，在字符数组中也是如此。

2. 字符数组的初始化

字符数组的初始化方式与其他类型数组的初始化方式类似。

1）逐个元素赋初值。

char s[5] = {'C','h','i','n','a'};

2）如果初值的个数多于数组元素的个数，则按语法错误处理。

3）如果初值的个数少于数组元素的个数，则 C 编译系统自动将未赋初值的元素定为空字符（即 ASCII 码为 0 的字符：'\0'）。

4）如果省略数组的长度，则系统会自动根据初值的个数来确定数组的长度。

例如：char c[] = {'H', 'o', 'w', ' ', 'a', 'r', 'e', ' ', 'y', 'o', 'u', '?'};

数组 c 的长度自动设定为 12。

5）二维数组也可以进行初始化。

3. 字符数组的引用

【例 4-5】 从键盘输入 10 个字符，统计字符 'g' 出现的次数。

```
#include "stdio.h"
main()
{
   int counter = 0, i;
   char c[10];
   printf("请输入 10 个字符:\n");
   for(i = 0;i <= 9;i ++)
   scanf("%c",&c[i]);                /* 从键盘输入 10 个字符 */
   for(i = 0;i <= 9;i ++)
   if(c[i]! = 'g')
     continue;                        /* 如果不是字符 'g',则继续判断下一个字符 */
   else
```

```
    counter ++;                    /* 判断是字符 'g',则统计加 1 */
  printf("字符 'g' 出现的次数为 %d\n",counter);
  }
```

4.3.2 字符串

字符串是用双引号括起来的若干有效字符的序列。

为了处理字符串方便，C 语言规定以 '\0' 作为字符串结束标志，'\0' 占用一个字节，ASCII 码值为 0。

对于字符串常量，C 编译系统自动在其最后增加一个结束标志 '\0'。因此，像字符串 “program” 虽然只有 7 个字符，但实际要占用 8 个字节。

比如 “char c[5] = {'C','h', 'i', 'n', 'a' };” 在内存中是这样的 | c | h | i | n | a |，则该字符数组中存放的内容就不是字符串。

但 “char c[6] = {'C','h', 'i', 'n', 'a' , '\0'};” 在内存中是这样的 | C | h | i | n | a | \0 |，则该字符数组中存放的内容就是字符串。

C 语言中没有字符串类型，对字符串的处理常常用字符数组实现，即将字符串存放在字符数组中。可以用字符串常量来使字符数组初始化，例如：

char c[ ] = {"student"};

也可以省略大括号而直接写成

char c[ ] = "student";

再例如 char a[3][10] = {"basic","pascal","c"};

【例 4-6】 用字符串 “Hi, world!” 对数组 s 进行赋初值，然后打印出该数组各个元素及所对应的 ASCII 码值。

```
#include "stdio. h"
 main()
 {
  char str[ ] = " Hi, world!";
  int k =0;
  while (str[k] != '\0')
  {
    printf ("%c = %d\t", str[k], str[k]);
    if ((k+1)%4 ==0)
      printf ("\n");
    k ++;
  }
 printf ("%c = %d\n", str[k],str[k]);
}
```

题目要求用字符串对数组初始化，因此数组的最后会有一个字节用于存放字符串结束符。所以，在用循环打印数组元素时，该循环将在遇见字符串结束符时停止。

字符在内存中是以其 ASCII 码值的形式存放的，因此让数组元素以“%c”格式打印时，就是打印出字符本身；以“%d”格式打印时，则是打印出该字符对应的 ASCII 码值。

因空格和字符串结束符都不能直接打印出来，所以输出中有“=32”“=0”的情况。

4.3.3 字符数组处理函数

1. 字符数组的输入与输出

这里将会用到 scanf()、printf()函数来进行输入、输出。

1）将数组元素逐个输入与输出，即用格式符“%c”输入或输出一个字符。

【例 4-7】 从键盘输入一串字符，将其中的大写字母转换成小写字母后输出该字符串。

```
#include "stdio.h"
main()
{char s[80];
 int i=0;
 for (i=0;i<80;i++)
    {
    scanf ("%c", &s[i]);            /*或使用 s[i]=getchar(); */
    if (s[i]=='\n')   break;
    else   if (s[i]>='A'&&s[i]<='Z')
       s[i]+=32;
    }
       s[i]='\0';
    for (i=0;s[i]!='\0';i++)
       printf ("%c", s[i]);         /*或使用 putchar(s[i]); */
printf ("\n");
}
```

2）将字符数组整体输入或输出，即用格式符“%s”控制字符串的输入与输出。

将上例改写成整体输入、输出形式。

```
main()
{
 char s[80];
 int i;
 scanf ("%s", s);                  /*输入字符串存入*/
 for (i=0;s[i]!='\0';i++)
 if (s[i]>='A'&&s[i]<='Z')
```

```
        s[i] + =32;
    printf ("%s", s);                /* 输出数组中的字符串 */
}
```

注意：

① 用“%s”格式符读入字符串时，scanf()函数中的地址项是数组名，不要在数组名前加取地址符号“&”，因为数组名本身就是地址（在后面的内容中将介绍到）。

② 用“%s”格式符输出字符串时，printf()函数中的输出项是数组名，而不是数组元素。如果写成下面的形式是错误的：

printf ("%s", s[0]);

③ 以“scanf ("%s", 数组名);”的形式读入字符串时，遇空格或回车都表示字符串结束，系统只是将第一个空格或回车前的字符置于数组中，例如有如下语句：

char s[13];

scanf ("%s", a);

若输入为

How are you?（按 <Enter> 键）

则实际上只读取了 How，也就是说格式符“%s”不能输入带空格的字符串。为了克服这个局限性，下面我们会介绍字符串处理专用函数。

2. 常用的字符串处理函数

C 语言向用户提供了很多字符串操作函数，如字符串输入、输出函数，字符串的复制、连接、比较函数，求一个字符串长度的函数等。对于这些函数，只需弄清其在哪个头文件中，以及正确的使用形式，然后把有关头文件包含到程序中即可。程序中如果调用下面介绍的 8 个字符串处理函数，在程序的开始应该写：

#include "stdio. h" 或 #include "string. h"

1）字符串输出函数：puts()。puts()函数调用的一般格式为

puts(字符数组名);

它的功能就是将一个字符串输出到终端，字符串中可以包含转义字符。puts()函数所在的头文件是 stdio. h。

如果有：

char s[] = "China\nBeijing";

puts(s);

则输出结果是

China

Beijing

注意：puts 函数会将字符串结束标志 '\0' 转换成 '\n'，即在输出完字符串后换行。

2）字符串读入函数：gets()。gets()函数调用的一般格式为

gets（字符数组名）;

它的功能就是从终端读入一个字符串到字符数组。该函数可以读入空格，遇回车结束输

入。gets()函数所在的头文件也是 stdio. h。

例如有下面程序段：

```
char s[20];
gets(s);
puts(s);
```

若运行时输入：

How do you do?（按 <Enter> 键）

则输出结果为

How do you do?

【例 4-8】 字符串输入、输出示例。

```
#include  <stdio.h>
main()
{
    char a[20];
    char b[25] = "abcd\n1234";
    gets(a);
    puts(a);
    puts(b);
}
```

程序运行时，如果输入：

How are you(按 <Enter> 键)

则输出结果为

How are you

abcd

1234

注意：gets()函数和 scanf()函数的区别是：scanf()函数把回车换行符或空格符都看成是字符串输入的结束标记；而 gets()函数只把回车换行符看成是字符串输入的结束标记。因此使用 gets()函数来接收字符串时，空格也在接收之列，这样就克服了 scanf()函数不能接受空格的缺憾。

3）字符串连接函数：strcat()。strcat()函数调用的一般格式为

strcat（字符数组名 1，字符数组名 2）；

strcat()函数的功能就是取消字符数组名 1 中的字符串结束符，然后把字符数组名 2 中的字符串连接到它后面，在字符数组名 1 里形成一个新的更长的字符串。strcat()函数所在头文件是 string. h。

例如有如下程序段：

```
char s1[19] = "Welcome to", s2[] = " China !";
strcat (s1, s2);
```

printf ("%s", s1);

则输出结果为

Welcome to China !

说明：使用 strcat()函数时，字符数组 1 的长度应足够大，以便能容纳连接后的新字符串。

4）字符串复制函数：strcpy()。strcpy()函数调用的一般格式为

strcpy (字符数组名 1，字符数组名 2)；

strcpy()函数的功能就是将字符数组名 2 中的字符串复制到字符数组名 1 中。复制时，是连同字符数组名 2 里的字符串结束符 '\0' 一起复制的。字符数组名 2 可以是数组名，也可以是一个字符串常量。strcpy()函数的头文件也是 string.h。

例如有下面程序段：

```
char s1[8], s2[] = "China";
strcpy (s1, s2);
puts(s1);
```

程序段的输出结果是

China

说明：

① 字符数组 1 的长度应大于或等于字符数组 2 的长度，以便容纳被复制的字符串。

② 字符数组 1 必须写成数组名的形式（如上例中的 s1），字符数组 2 也可以是一个字符串常量，例如：

```
char s1[8];
strcpy (s1, "China");
```

其结果与上面相同。

③ 执行 strcpy()函数后，字符数组 1 中原来的内容将被字符数组 2 的内容（或字符串）所代替。

④ 不能用赋值语句将一个字符串常量或字符数组直接赋给另一个字符数组。在进行字符串的整体赋值时，必须使用 strcpy()函数。

5）字符串比较函数：strcmp()。strcmp()函数调用的一般格式为：

strcmp (字符串 1,字符串 2)；

它的功能就是比较两个字符串的大小，例如：

```
strcmp (s1, s2);
strcmp ("Beijing", "Shanghai");
strcmp (s1, "China");
```

比较的结果由函数值带回。

① 如果字符串 1 等于字符串 2，函数值为 0。

② 如果字符串 1 大于字符串 2，函数值为一个正整数（第一个不相同字符的 ASCII 码值之差）。

③ 如果字符串 1 小于字符串 2，函数值为一个负整数。

注意：比较两个字符串是否相等时，不能采用

```
if (s1 == s2)
    printf ("yes");
```

这样的形式，而只能用

```
if (strcmp (s1, s2) ==0)
    printf ("yes");
```

这样的形式。

6）字符串长度函数：strlen( )。strlen( )函数调用的一般格式为

```
int x;
x = strlen (字符数组名);
```

其功能就是计算字符数组名所指数组中字符串包含的字符个数，所在头文件为 string. h。

注意：该函数在统计字符串中的字符个数时，不包括字符串结束符，例如：

```
char str[10] = "China";
printf("%d",strlen(str));
```

或

```
printf("%d",strlen("China"));
```

输出结果为 5。

7）字符串小写函数：strlwr( )。strlwr( )函数调用的一般格式为

```
strlwr (字符数组名);
```

该函数功能是将字符数组名所指数组中字符串里的大写字母全改为小写，所在头文件为 string. h，例如：

```
char str[] = "MICRO SOFT WORD" ;
strlwr(str);
puts(str);
```

则输出结果为 micro soft word。

再例如：

```
printf("%s",strlwr("AbCd"));
```

则输出结果为 abcd。

8）字符串大写函数：strupr( )。strupr( )函数调用的一般格式为

```
strupr (字符数组名);
```

该函数的功能是将字符数组名中字符串里的小写字母全改为大写，所在头文件也是 string. h。

【任务实施】

其实本任务的问题就是把两个字符串连接起来，直接利用 strcat( )函数是最简单的，这个留给同学们自己练习，这里要用的方法不采用 strcat( )函数来实现字符串的连接。

解题思路：

① 定义两个字符数组 str1 和 str2 用来存放输入的成语，注意第一个字符串数组 str1 要足够大；

② 在循环中通过判断每一个元素是否是字符串结束标志 '\ 0'，找到第一个成语字符串 str1 存放标志 '\ 0' 的元素下标，即找到字符串尾；

③ 在循环中把第二个成语字符串的字符一个一个地添加到第一个字符串 str1 的后面；

④ 为合并后的字符数组 str1 添加字符串结束符 '\ 0'；

⑤ 输出 str1，可以发现将两个字符串连接起来，就是把第二个字符串复制到了第一个字符串的后面单元中。程序如下：

```
#include "stdio.h"
main()
{
  cha str1[100],str2[50];
  int i =0,j =0;
  printf("请输入第一个成语:\n");
  gets(str1);
  printf("请输入第二个成语:\n");
  gets(str2);
while(str1[i]! ='\0')
  i ++;                    /*得到第一个字符串的长度*/
  while(str2[j]! ='\0')    /*把第二个字符串的内容连接到第一个字符串的后面*/
  {
  str1[i +j] =str2[j]
  j ++;
  }
 str1[i +j] ='\0';         /*添加字符串结束符*/
printf("结果是:%s,str1");
}
```

【练一练】 编写检验密码程序，用户输入密码后，若正确，则显示信息：Now, you can do something!。若输入错误，则显示信息：Invalid password. Try again!，并控制最多输入 3 次。若 3 次均出错，则给出信息：I am sorry, bye-bye!。

```
#include "stdio.h"
#include "string.h"
main()
{
 char str[10];
 int k;
```

```
for (k =0; k <3;k ++)
{
printf ("Please enter your password:");
gets(str);
if (strcmp (str, "913911"))
{
  if (k <2)
  printf ("Invalid password. Try again!\n");
 else
  printf ("Invalid password. ");
}
else
  break;
}
if (k <=2)
  printf ("Now, you can do something!\n");
else
  printf ("I am sorry, bye-bye!\n");
}
```

小　结

本单元主要介绍了数组这一特殊的数据结构。数组由数组元素构成，在计算机内存中占据一片连续的存储单元。在同一个数组中存储的数据应具有相同的类型，可以用不同的下标来访问数组元素。

数组分为一维数组和多维数组，在处理实际问题时，数组是一种非常有用的数据结构。在使用数组时应遵循先定义、后使用的原则。数组一般不能整体引用，也不能越界使用数组元素。循环结构可以很方便地访问数组元素。

字符串在计算机内存中一般是以字符数组的方式存在，'\0' 称为字符串结束标志，可以用字符串处理函数来处理字符串的连接、复制、比较等操作。

习题 4

一、选择题

1. 在 C 语言中对一维整型数组的正确定义为（　　）。

A. int a[10];　　　　B. int n =10,a[n];

C. int n;a[n];　　　　D. int N=10;int a[N];

2. 若要将2、4、6、8存入数组a中，不正确的是（　　）。

A. int a[4]={2,4,6,8};　　　　B. int a[]={2,4,6,8};

C. int a[4]; a={2,4,6,8};　　　　D. int a[4];a[0]=2;a[1]=4;a[2]=6;a[3]=8;

3. 若有说明“int a [5][5];”，则对数组元素的正确引用是（　　）。

A. a[3+2][3]　　B. a[0,3]　　C. a[4][1+2]　　D. a[][2]

4. 在下面给出的语句中，对一维数组正确赋初值的语句是（　　）。

A. int a[10]="This is a string";　　　　B. char a[]="This is a string";

C. int a[3]={1, 2, 3, 4, 5, 0};　　　　D. char a[3]="This is a string";

5. 有说明语句“int a[][4] = {1, 5, 8, 7, 12, 22, 9, 41, 55, 27};”，则数组a第1维的长度应该是（　　）。

A. 2　　B. 3　　C. 4　　D. 5

6. 下列二维数组初始化中，错误的是（　　）。

A. int a[2][]={{3,4},{5}};　　　　B. int a[][3]={2,3,4,5,6,7};

C. int a[3][3]={0};　　　　D. int a[5][4]={{1,2},{2,3},{3,4},{4,5}};

7. 若有以下数组定义“char ch[]="book_120\n";”，则数组ch的存储长度是(　　)。

A. 7　　B. 8　　C. 9　　D. 10

8. 以下程序段的输出结果是（　　）。

```
char str[8]={'a','b','c','d','\0','y','z','\0'};
printf("%s",str);
```

A. abcd　　　　B. abcd　yz

C. abcdyz　　　　D. 出错

9. 设有如下定义：

```
char s1[20]="tianjin", s2[10]="beijing";
```

执行语句：

```
strcpy(s1+4,s2); printf("%s",s1);
```

输出结果是（　　）。

A. tian　　　　B. tianbeijing

C. tianjinbeijing　　　　D. tianbeij

10. 下面合法的数组定义是（　　）。

A. int a[]={"string"};　　　　B. int a[]={0, 1, 2, 3, 4, 5};

C. char a={"string"};　　　　D. char a[]={0, 1, 2, 3, 4, 5};

11. 若有以下说明，则数值为4的表达式是（　　）。

```
int a[12]={1,2,3,4,5,6,7,8,9,10,11,12};
char c='a',d,g;
```

A. a[g-c]　　　　B. a[4]

C. a['d'-'c']　　　　D. a['d'-c]

12. 下列语句中，正确的是（　　）。

A. char a[3][] = {'abc', 'I'};　　B. char a[][3] = {'abc', 'I'};

C. char a[3][] = { 'a', "I"};　　D. char a[][3] = {"abc", "I"};

13. 已知“int a [10];”，则对 a 数组元素引用正确的是（　　）。

A. a[10]　　B. a[3.5]　　C. a(5)　　D. a[0]

14. 若有以下数组说明，且 i = 10，则 a [a [i]] 元素数值是（　　）。

int a[12] = {1,4,7,10,2,5,8,11,3,6,9,12};

A. 10　　B. 9　　C. 6　　D. 5

15. 若有说明语句“int a[][3] = {{1,2,3},{4,5},{6,7}};”，则数组 a 的第一维的大小是（　　）。

A. 2　　B. 3　　C. 4　　D. 无确定值

16. 对二维数组的正确定义是（　　）。

A. int a[][] = {1,2,3,4,5,6};　　B. int a[2] [] = {1,2,3,4,5,6};

C. int a[] [3] = {1,2,3,4,5,6};　　D. int a[2,3] = {1,2,3,4,5,6};

17. 已知“int a [3][4];”，则对数组元素引用正确的是（　　）。

A. a[2][4]　　B. a[1,3]

C. a[2][0]　　D. a(2)(1)

18. 已知“char x[] = "hello", y[] = {'h','e','a','b','e'};”，则关于两个数组长度的正确描述是（　　）。

A. 相同　　B. x 大于 y

C. x 小于 y　　D. 以上答案都不对

19. 以下错误的定义语句是（　　）。

A. int x[][3] = {{0},{1},{1,2,3}};

B. int x[4][3] = {{1,2,3},{1,2,3},{1,2,3},{1,2,3}};

C. int x[4][] = {{1,2,3},{1,2,3},{1,2,3},{1,2,3}};

D. int x[][3] = {1,2,3,4};

20. 若有定义语句“int a[3][6];”，按在内存中的存放顺序，a 数组的第 10 个元素是（　　）。

A. a[0][4]　　B. a[1][3]

C. a[0][3]　　D. a[1][4]

21. 以下关于字符串的叙述，正确的是（　　）。

A. C 语言中有字符串类型的常量和变量

B. 两个字符串中的字符个数相同时才能进行字符串大小的比较

C. 可以用关系运算符对字符串的大小进行比较

D. 空串一定比空格打头的字符串小

22. 以下能正确定义字符串的语句是（　　）。

A. char str[] = {' \064'};　　B. char str = " \x43";

C. char str = ' ';　　　　D. char str[ ] = "\0";

23. 下列程序输出结果是（　　）。

```
main()
{
 int a[10] = {1,2,3,4,5,6,7,8,9,10},i,k;
 for(i =0;i <10;i ++)
   a[i] =i;
 for(i =0,k =0;i <4;i ++)
   k + =a[i] +i;
printf("\n%d",k));
}
```

A. 20　　B. 12　　C. 16　　D. 18

二、填空题

1. 设有定义语句“int a[3][4] = {{1},{2},{3}};”，则 a[1][1] 的值为________，a[2][1] 的值为________。

2. 执行“int b[5] = {}, a[ ][3] = {1, 2, 3, 4, 5, 6};”后，b[4] =________，a[1][2] =________。

3. 下列程序的输出结果是________。

```
main()
{
 int a[3][3] = {{1,2},{3,4},{5,6}},i,j,s =0;
 for(i =1;i <3;i ++)
 for(j =0;j <=i;j ++)
   s + =a[i][j];
 printf("\n%d",s);
}
```

4. 下列程序的输出结果是________。

```
main()
{
 int a[3][3] = {1,2,3,4,5,6,7,8,9},i;
 for(i =0;i <3;i ++)
   printf("%d,",a[i][2-i]);
}
```

5. 当执行下面的程序时，如果输入 ABC，则输出结果是________。

```
#include <stdio.h>
#include <string.h>
main()
```

```
{
    char ss[10] = "12345";
    gets(ss);
    strcat(ss, "6789");
    printf("%s",ss);
}
```

6. 下列程序的输出结果是________。

```
#include <stdio.h>
main()
{
    int m[3][3] = {{1},{2},{3}};
    int n[3][3] = {1,2 ,3};
    printf("%d,", m[1][0] +n[0][0]);
    printf("%d\n",m[0][1] +n[1][0]);
}
```

7. 下列程序的输出结果是________。

```
#include <stdio.h>
main()
{
    int i;
    int x[3][3] = {1,2,3,4,5,6,7,8,9};
    for (i =1; i<3; i++)
    printf("%d  ",x[i][3-i]);
}
```

8. 下列程序实现的功能，是把从键盘输入的10个整数存入到一维数组中，然后将前后元素依次对调后打印输出，请填空。

```
#include "stdio.h"
main()
{
      int a[10], j, k, x;
      for (j =0; j <10; j ++)
      ________;
      for (j =0, k =9; j <5; j ++, k --)
      {
       x = a[j];
      ________;
         a[k] =x;
```

```
    }
      for (j=0; j<10; j++)
        printf ("%d ", a[j]);
    }
```

9. 以下程序是求任意 10 个实数的最大值和最小值，请填空。

```
#include <stdio.h>
main()
{
 int i;
 float a[10],max,min;
 for(i=0;i<10;i++)
 scanf("%f",&a[i]);
 max=min=a[0];
 for(i=1;i<10;i++)
  {
   if(max<a[i])
   ________;
    if(min>a[i])
   ________;
  }
 printf("最大值=%f\n",max);
 printf("最小值=%f\n",min);
}
```

10. 程序读入 20 个整数，统计非负数个数，并计算非负数之和，请填空。

```
#include "stdio.h"
main()
{
   int   i,s,count,n=20;
   int a[20];
   s=0;
   count=0;
  for( i=1; i<20; i++)
    scanf("%d", &a[i] );
   for(i=0;________;i++)
   {
    if(a[i] <0)
      continue;
```

```
    ________;
      count ++ ;
  }
  printf("s = %d,count = %d\n",s,count);
}
```

三、程序阅读题

1. 阅读以下程序，输出结果是（　　）。

```
#include <stdio.h>
main()
{
  int i, a[10];
  for(i =9;i >=0;i --)
  a[i] =10-i;
  printf("%d,%d,%d",a[2],a[5],a[8]);
}
```

2. 阅读以下程序，输出结果是（　　）。

```
#include <stdio.h>
main()
{
 int s[12] = {1,2,3,4,4,3,2,1,1,1,2,3},c[5] = {0},i;
 for(i =0;i <12;i ++)
   c[s[i]] ++;
 for(i =1;i <5;i ++)
   printf("%d ",c[i]);
 printf("\n");
}
```

3. 阅读以下程序，输出结果是（　　）。

```
#include "stdio.h"
#include "string.h"
void main()
{
char s1[15] ="hello",s2[10] ="world";
strcat(s1,s2);
puts(s1);
puts(s2);
strcat(s1,"good");
puts(s1);
```

```
}
```

4. 阅读以下程序，分析其运行后的输出结果是（　　）。

```
#include <stdio.h>
main()
{
    int a[2][3]={{1,2,3},{4,5,6}};
    int b[3][2],i,j;
    for(i=0;i<=1;i++)
    {
        for(j=0;j<=2;j++)
        b[j][i]=a[i][j];
    }
    for(i=0;i<=2;i++)
    {
        for(j=0;j<=1;j++)
        printf("%5d",b[i][j]);
    }
}
```

5. 以下程序运行时，若先后输入：

English（按<Enter>键）

Good（按<Enter>键）

则其执行后的输出结果是（　　）。

```
#include <stdio.h>
void main()
{
  char c1[60],c2[30];
  int i=0,j=0;
  scanf("%s",c1);
  scanf("%s",c2);
  while(c1[i]!='\0')
    i++;
  while(c2[j]!='\0')
    c1[i++]=c2[j++];
  c1[i]='\0';
  printf("\n%s",c1);
}
```

6. 阅读程序，说明运行后的输出结果（　　）。

```
#include "stdio.h"
main()
{
  int x, j, a[10] = {1};
  for (j = 1; j < 10; j ++)
   {
  x = a[j-1] * 2;
  if (j % 2)
  x = -x;
  a[j] = x;
 }
 for (j = 0; j < 10; j ++)
 printf ("%d  ", a[j]);
 printf ("\n");
}
```

四、程序设计题

1. 用数组实现以下功能：输入 5 个学生的成绩，而后求出这些成绩的平均值并输出。

2. 从键盘输入 20 名学生的成绩，求出其中的最高分、最低分和平均分，并输出（提示：用数组存放成绩）。

3. 从键盘输入 10 名学生的成绩，按从高到低的顺序排列成绩并输出（提示：用数组存放成绩）。

4. 从键盘上输入一个 4×3 的整型数组，找出数组中的最小值及其在数组中的行号和列号。

5. 编写一个程序，要求输出矩阵 A 中取值最大的元素，以及它所在的行号、列号。已知矩阵 A 如下：

$$A = \begin{vmatrix} 1 & -2 & 3 & 4 \\ 9 & 8 & -7 & 6 \\ -10 & 10 & -5 & 2 \end{vmatrix}$$

6. 编写一个程序，在一维数组里输入一句英文，统计该句子里出现的单词个数（单词之间是用空格分隔的）。

7. 编程实现：按行顺序输入 4 行 4 列的矩阵 A 的各元素的值，计算并输出矩阵 A 的主对角线上的元素之和。

8. 从键盘输入一个不超过 80 个字符的字符串，统计其中大写字母、小写字母、数字和其他字符的个数，并将统计结果输出。

9. 从键盘上输入一个字符和一个字符串，查找输入的字符是否在输入的字符串中，若不在，则输出没有找到的信息，否则输出第一个与输入字符匹配的字符所在字符串位置。

10. 将字符串中的大写字母转换成小写字母，小写字母转换成大写字母，其他字符不转换。

11. 有一行电文，已按下面规律译成密码：

A→Z　a→z

B→Y　b→y

C→X　c→x

即第 1 个字母变成第 26 个字母，第 i 个字母变成第 26 - i + 1 个字母，非字母字符不变。要求编写程序将密码译回原文，并输出密码和原文。

单元 5

函　　数

【教学目的】

通过本单元的学习，要求能熟练掌握函数的定义和调用方法，掌握函数的嵌套调用和递归调用，理解变量的作用域和存储类别，掌握内部函数与外部函数，能够在不同情况下灵活选择函数来解决实际问题。掌握编译预处理命令的使用方法。函数与编译预处理是编写模块化程序的重要方法，这将为编写比较复杂的程序设计打下基础。

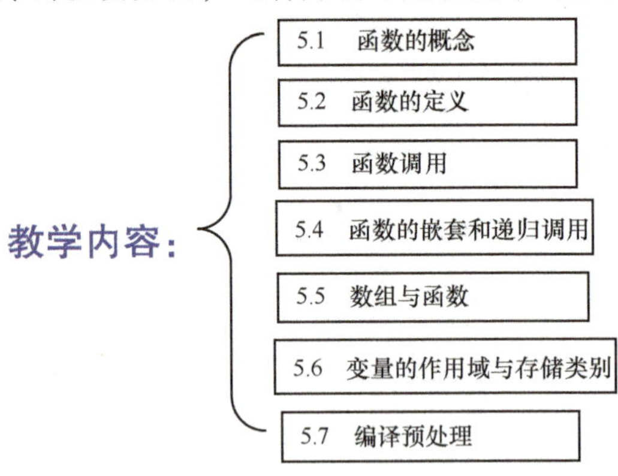

【重点难点】

重点：

① 函数的定义与调用；

② 函数的参数传递；

③ 编译预处理。

难点：

① 函数的嵌套与递归调用；

② 变量的作用域与存储类别。

任务　利用函数统计课程分数信息

【任务描述】

班主任李老师把全班同学所有课程的总成绩单给班长吴同学，要求他用 C 语言程序来统计出每门课程的总分和平均分。

【关键知识点】

① 函数的定义与调用；
② 变量的作用域与存储类别；
③ 编译预处理。

【相关知识】

5.1 函数的概念

一个C语言程序由若干个程序模块组成，每一个模块用来实现一个特定的功能，这些模块就称为函数。函数是C语言程序的基本组成单位，在一个C语言程序中，必须有且仅有一个main()函数。一个C程序可以由一个主函数和若干个函数构成。由主函数来调用其他函数，其他函数也可以互相调用。同一个函数可以被一个或多个函数任意调用多次。

C语言为用户提供的函数，称为系统函数，它们事先已经被定义，通过包含语句将其所在的头文件包含进来，在程序中就可直接调用了。用户自己编写的函数，是用户定义函数。用户定义函数事先并不存在，所以在使用前，必须先进行定义。

关于函数的分类，有如下几种：

1. 根据来源分类

(1) 库函数

库函数也称为系统函数，由系统提供，使用者可以直接使用，无需定义，也不需要在程序中进行类型说明，但是必须在程序最前面使用包含有该函数原型的头文件，比如前面用到的scanf()函数与printf()函数都是常用的库函数。

(2) 用户定义函数

用户定义函数也叫自定义函数，是指由用户自己编写的函数，它不仅要在程序中定义，还要在调用它的模块中进行类型说明。

2. 根据返回值分类

(1) 有返回值函数

函数被调用执行完后将向调用者返回一个执行结果，称为函数返回值。用户定义的有返回值的函数，必须在函数定义和函数说明中明确返回值的类型。

(2) 无返回值函数

就是执行完成后不向调用者返回函数值。由于无返回值，在定义时可指定其为空类型，空类型的说明符为void。

3. 根据参数传递分类

(1) 无参函数

函数定义、函数说明及函数调用中均不带参数，主调函数和被调函数之间不进行参数传送。此类函数通常用来完成一组指定的功能，可以返回或不返回函数值。

(2) 有参函数

有参函数也称为带参函数。在函数定义及函数说明时都有参数，称为形式参数，简称为形参。在主函数调用时也必须给出参数，称为实际参数，简称为实参。进行函数调用时，主调函数将把实参的值传送给形参，供被调函数使用。

main()函数是主函数，它可以调用其他函数，但不允许被其他函数调用。C 语言的执行总是从 main()函数开始，完成对其他函数的调用后再返回到 main()函数，最后由main()函数结束整个程序。

```
#include  <stdio.h>
main()                              /* 主函数 */
{
   int a,b,m;                       /* 说明变量 */
   int max(int a,int b);            /* 函数声明 */
   scanf("%d,%d",&a,&b);            /* 调用库函数 scanf() */
   m = max(a,b);                    /* 调用自定义函数 max() */
   printf("max = %d\n",m));         /* 调用库函数 printf() */
}
int max(int x,int y)                /* 定义函数 max() */
{
   int t;
   t = (x>y)? x:y;                  /* 条件表达式 */
    return(t);
}
```

注意：

① 第五行中"int max (int a, int b);"声明了一个 max()函数，它有两个参数，分别是 a 和 b。

② 第六行中的 scanf()函数就是库函数。

③"m = max (a, b);"是函数调用，a 和 b 是实际参数。

④ 第十行中"int max (int x, int y)"定义了被调用函数 max()，它有两个形式参数 x 和 y，而且形式参数的类型都是 int 型，同时定义了 max()函数的类型也是整型的。

⑤ 最后一行中 return 语句的作用是将 t 的值作为函数返回值被带回到主调用函数中。return 后面括弧中的值作为函数返回值，在函数定义时已指定 max()函数为整型，在函数体中定义 t 为整型，二者是一致的，将 t 作为函数 max()的返回值带回主调用函数中。

5.2 函数的定义

C 语言总是遵循先说明后使用的原则，因此在调用一个函数前，先对被调函数进行说明，即函数原型说明，然后再行调用。不过，只要在编写程序时，注意安排被调函数和调用函数的位置，就可以省略对被调函数的说明。

函数定义的一般格式是：

```
函数类型　函数名（形式参数列表）
{
    函数体;
}
```

函数的定义可分4大部分：函数名、参数列表、返回值类型和函数体。

1）函数名：是所定义函数的名称，它可以是任何合法的标识符。注意，在一个程序中，函数名必须是唯一的，其他函数都通过函数名来调用该函数。

2）参数列表：函数名后面跟一对圆括号，内有一个形式参数表，该参数表由一个或多个参数构成，多个参数之间用逗号分隔，也可以没有参数，但圆括号不可省略。

3）函数类型：函数类型就是函数返回值类型。有的函数在运行结束后，要将运行结果返回给调用函数，该结果称为函数的返回值。返回值由return语句返回，其中作为返回值的变量或表达式可以用圆括号括住，也可以省略圆括号。如果函数没有返回值，类型应为void。在函数类型默认的情况下，系统默认该函数类型为int型。

4）函数体：函数体由一对花括号“{}”括起，它由变量说明语句和执行语句组成。函数体内可以有一条语句或多条语句，也可以有复合语句。

【例5-1】 有参有返回值的函数例子。定义有3个整型参数的函数，功能是返回这3个参数中的最小者。

```
int min (int x1, int x2, int x3)
{
  int temp;
  if (x1 < x2)
    temp = x1;
  else
    temp = x2;
  if (temp > x3)
    temp = x3;
  return (temp);
}
```

该例中定义的min()函数返回值类型为int，三个参数分别为x1、x2、x3。return语句的作用是将temp的值作为函数返回值带回到主调函数中。

【例5-2】 有参无返回值的函数例子。定义一个函数，功能是交换x、y两个变量的数值。

```
void swap(int x,int y)
  {
  int t;
  t = x;
```

```
    x = y;
    y = t;
    printf("x = %d,y = %d\n",x,y);
}
```

该例中定义的 swap( ) 函数无返回值，两个参数分别为 x 和 y。

【例 5-3】 有参无返回值的函数例子。定义一个函数，有一个 int 型参数，功能是若接收的参数是偶数，则输出信息“It is even!”，否则输出信息“It is odd!”。

```
void odd_even (int x)
{
    if (x %2 ==0)                    /*判断一个整数是否为偶数的条件*/
        printf ("It is even!\n");
    else
        printf ("It is odd!\n");
}
```

由于没有要求返回什么信息，所以可把 odd_even( ) 函数的类型定义为 void 型。因此，函数里也就可以不安排 return 语句。对于没有 return 语句的函数，在运行到函数体的最后一条语句后，会自动返回到调用它的函数。

【例 5-4】 无参无返回值的函数例子，输出“Welcome to China!”的欢迎界面。

```
void welcome()
    {
    printf(" ********** \n");
    printf("Welcome to China! \n");
    printf(" ********** \n");
    }
```

此处定义的 welcome( ) 函数就是无参无返回值的函数。

5.3 函数调用

5.3.1 函数调用的一般形式

函数被定义后，只有在主调函数里安排函数调用，才能进行数据的传递。

主调函数在函数调用时，可向被调函数传递一个或多个参数。由主调函数传递给被调函数的参数，称为实际参数，简称实参。被调函数接收传递过来的实参后，依据这些数据执行函数体里的语句。执行结束后，就返回到主调函数发出函数调用的地方，继续执行后面的语句。

根据一个函数是否有返回值，C 语言有两种不同的方式进行调用：

1）没有返回值函数，是以函数调用语句的方式进行调用的，即

函数名 (实际参数表);

2）有返回值的函数，是以函数表达式的方式调用的，即

函数名(实际参数表)

这两种调用方式的区别就是:前者是一个语句,后者是个表达式。而在实际编程中对有返回值函数的调用,往往是把表达式的值赋给另外一个变量,这样就构成了一个C语言语句,【例5-5】中就采用这种调用方式。

如果是调用无参函数,则实参表列为空,但括弧不能省略。实参表列各参数间用逗号隔开。实参与形参的个数、类型与顺序应保持一致,以保证实参与形参之间能正确地实现参数传递。

【例5-5】 编写一个main()函数,调用前面【例5-1】中定义的min()函数,验证min()函数的正确性。

```
#include "stdio.h"
int min(int x1,int x2,int x3)          /*定义函数min(),它有3个形式参数x1、x2和x3*/
{
  int temp;
  if(x1 < x2)
    temp = x1;
  else
    temp = x2;
  if(temp > x3)
    temp = x3;
  return(temp);
}
main()                                 /*主函数main()*/
{
  int a,b,c,m;
  printf("Please enter three integers:\n");
  scanf("%d%d%d",&a,&b,&c);
  m = min(a,b,c);                      /*对有参函数min()的调用,实参为a、b和c*/
  printf("min = %d\n",m);
}
```

程序从main()函数始执行，通过printf()函数输出语句提示，再由scanf()函数输入3个整数之后，通过语句:

m = min(a,b,c);

来实现对min()函数的调用。由于min()函数返回一个int型值，因此应该对它按照表达式的形式调用，这里是把它放在了赋值语句的右边。调用时，主函数把实参a、b、c的值传递给被调函数min()。min()函数接收到它们后，就把值对应地赋给形参x1、x2、x3，并以这些值作为操作对象加以比较，把其中的最小者存入temp中，通过“return (temp);”语句将结果返回给主函数。min()函数执行完后，回到赋值符号的右边，完成赋值运算，也就是把返回值赋值给变量 m。

【例 5-6】 编写 main( )函数，调用【例 5-3】里定义的函数 odd_even( )，验证函数 odd_even( )的正确性。

```
#include "stdio.h"
void odd_even(int a)                    /*对函数 odd_even()的定义*/
 {
    if(a%2==0)
      printf("It is even! \n");
 else
    printf("It is odd! \n");
}
main()                                  /*主函数 main()*/
{
    int x;
    char ch;
    do
{
  printf("Please enter a number:");
  scanf("%d",&x);
  getchar();                            /*接收 scanf()函数最后的回车换行符*/
  odd_even(x);                          /*以语句形式调用 odd_even()函数*/
  printf("Want to continue? (y/n)");
  scanf("%c",&ch);
  if(ch != 'y')
    break;
  }while(1);
}
```

程序从函数 main( )开始执行，输入一个整数后，以实参 x 去调用 odd_even( )函数。由于 odd_even( )函数无返回值，所以对它的调用是以语句的形式出现的。调用完毕后返回到主函数 main( )中。只要输入的字符是 y，就继续进行下一次验证，这由 do-while 语句中最后的“while(1);”决定。在给 ch 输入非 y 后，由“break;”语句强制结束循环，从而结束整个程序的运行。程序连续运行 3 次时的结果，如图 5-1 所示。

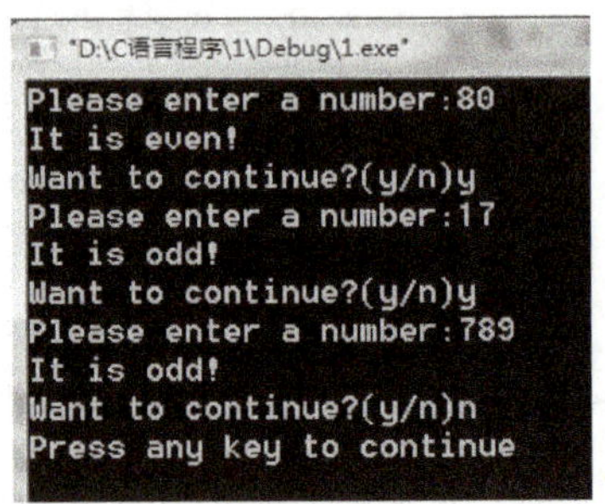

图 5-1 【例 5-6】运行结果

5.3.2 形式参数和实际参数

形式参数就是在定义函数时，函数名后面括号中的变量名。

实际参数就是在调用函数时，函数名后面括号中的常量、变量或表达式。

【例5-7】 形式参数和实际参数例子。

```
#include "stdio.h"
int max(int x,int y)                /*定义函数max(),它有两个形式参数x和y*/
  {
  int z;
  z=x>y? x:y;
  return(z);
}
main()
{
  int a,b,c;
  scanf("%d,%d",&a,&b);              /*执行该语句后,变量a、b均已有了确定的值*/
  c=max(10,a+b);                     /*实参为常量10和表达式a+b*/
  printf("Max is %d\n",c);
  printf("MAX=%d",max(a-b,a*b));/*实参为表达式a-b和a+b*/
}
```

关于形参与实参的说明：

① 定义函数时指定的形参变量，在未出现函数调用时，它们并不占用内存中的存储单元。只有在发生函数调用时，函数中的形参才被分配内存单元。调用结束后，形参所占的内存单元也随之释放。

② 实参可以是常量、变量和表达式，如：

max(10,a+b);

如果是变量或表达式，那么就要求它们有确定的值，在调用时将实参的值赋给形参变量。

③ 定义的函数中，必须指定形参的类型，多个形参出现时，类型可以不相同。

④ 实参与形参必须在数量、类型和顺序上严格一致，否则会发生类型不匹配的错误。

⑤ C语言规定，实参变量对形参变量的数据传递是值传递，即单向传递，值只能由实参传给形参，而不能由形参传给实参。在内存中，实参单元与形参单元是不同的单元。

【例5-8】 定义名为power()的函数，它以双精度实数x和正整数n为参数，计算x的n次方，并返回结果。编写main()函数，并调用power()函数。

```
#include "stdio.h"
double power(double x,int n)            /*此处两个形参x和n,类型并不一样*/
{
    double s;
    if(n>0)
      for(s=1.0;n>0;n--)
```

```
        s = s * x;
    else
        s = 1.0;
    return(s);
}
main()
{
    double a,pow;
    int i;
    printf("请输入一个实数和一个正整数:\n");
    scanf("%lf%d",&a,&i);
    pow = power(a,i);
    printf("value = %lf\n",pow);
}
```

由于是计算双精度实数 x 的 n 次方，然后加以返回，所以要定义的 power( ) 函数应该是 double 型的。程序从函数 main( ) 开始执行，在给 a 和 i 输入数据后，以它们为实参在赋值语句：

```
pow = power(a,i);
```

的右边调用 power( ) 函数。power( ) 函数接收实参后，将实参的值赋给函数的形参 x 和 n，以此执行函数体中的语句，计算结果 s 并返回。

5.3.3 函数的返回值

函数的返回值是指函数被调用后，执行函数体中的程序段所得到的并通过 return 语句返回给主调函数的值。

① 函数的返回值只能通过 return 语句返回给主调函数。

return 语句后面的括号可以要也可以不要，一般形式为：

return 表达式;

或者

return（表达式）;

例如“return z;”与“return(z);”等价。

② 在函数中允许有多个 return 语句，但每次调用时只能有一个 return 语句被执行，因此一个函数最多只能返回一个函数值。

【例 5-9】 编写判断一个自然数是否是素数的函数，并利用它求出 100 以内所有的素数。

```
#include "stdio.h"
int prime(int n)
{
    int i;
```

```
    if(n==1)
    return(0);
else if(n==2)
        return(1);
else
    {
    for(i=2;i<n;i++)
    if(n % i==0)
        return(0);
    }
return(1);
}
  main()
  {
    int j=0,k,x;
    for(x=1;x<=100;x++)
      {
        k=prime(x);
        if(k==1)
        {
          printf("%d\t",x);
          ++j;
          if(j%5==0)
          printf("\n");
      }
    }
}
```

所谓素数是指只能被1和自己整除的自然数（1除外）。在定义的prime()函数中，主调函数传递来一个自然数。先把n为1的情况剔除，因为1不是素数；再单独处理n为2的情况，因为2是一个素数；然后用循环来判断从2到n-1之间是否存在能整除n（注意，比n大的数当然不可能整除n）的数。若有，则表明n不是素数，返回值0；否则n为素数，返回值1。

主函数main()通过for循环调用函数prime()共100次。每次调用后，总是把返回值送给变量k。只有k取值为1时，才表明调用时的实参x是一个素数，因此要把它输出。

从形式上看，所编写的prime()函数里有4条return语句。其实，在任何情况下只能有一条return语句被执行。任何函数只能通过return语句向主调函数传递一个结果，而不是多个。运行结果如图5-2所示。

③ 函数返回值的类型和函数定义时的函数类型应保持一致，如果不一致则以函数类型

```
"D:\C语言程序\例子1\Debug\例子1.exe"
2          3          5          7          11
13         17         19         23         29
31         37         41         43         47
53         59         61         67         71
73         79         83         89         97
Press any key to continue
```

图 5-2 【例 5-9】运行结果

为准，自动进行类型转换，即函数类型决定返回值的类型。例如下面程序：

```
#include "stdio.h"
max(float x,float y)
{
 float z;
 z=x>y? x:y;
 return(z);
}
main()
{
 float a,b;
 int c;
 scanf("%f%f",&a,&b);
 c=max(a,b);
 printf("Max is %d\n",c);
}
```

如果输入 a 和 b 的值分别为 6.5 和 8.9，则输出 c 的值应该为 8。

④ 如果函数返回值为整型，在函数定义时可以省去类型说明。

⑤ 没有返回值的函数，可以明确定义为空类型，类型说明符为“void”。为使程序减少出错，保证正确调用，凡不要求返回函数值的函数，一般应定义为“void”类型。

5.3.4 函数调用的方式

按函数在程序中出现的位置来分，可以有以下三种函数调用方式：

（1） 函数语句

把函数调用作为一个语句，如【例 5-6】中的

```
odd_even(x);
```

这时不要求函数返回值，只要求函数完成一定的操作。

（2） 函数表达式

函数出现在一个表达式中，这种表达式称为函数表达式。这时要求函数带回一个确定的值以参加表达式的运算，例如

m = min(a,b,c);

(3) 函数参数

函数调用作为一个函数的实参，例如

d = min(a,min(b,c));

其中 min (b, c) 是一次函数调用，它的值作为 min()另一次调用的参数，d 的值其实就是 a、b、c 中最小的值。

其实，函数调用作为函数的参数，也是函数表达式调用的一种形式，因为函数参数本身就是一个表达式的形式。

5.3.5 对被调函数的声明

如果在一个函数中调用另一个函数，必须保证被调用的函数已经存在。正因为如此，前面举的例子中都是把被调函数放在了主调函数的前面。如果放的位置颠倒一下，则必须对被调函数进行声明。和变量一样，函数的调用同样遵守先定义后使用的原则。

对函数的声明分为两种情况：

1）被调函数为自定义函数时，应在主调函数中对被调函数的类型进行说明，也就是对被调函数的声明。函数声明的一般格式为

函数类型　函数名(形参类型表);

注意结尾是分号，说明这是一条语句，而函数定义后面没有任何标点符号。

比如把【例 5-5】中的主函数与 min()函数位置对调，那么就要增加一行对 min()函数声明的语句。

【例 5-10】 函数声明的使用。

```
#include "stdio.h"
int min(int x1,int x2,int x3);              /* 对 min()函数的声明,注意后面有分号 */
main()
  {
   int a,b,c,m;
   printf("Please enter three integers:\n");
   scanf("%d%d%d",&a,&b,&c);
   m = min(a,b,c);                          /* 对 min()函数的调用 */
   printf("min = %d\n",m);
  }
int min(int x1,int x2,int x3)               /* min()函数的定义,注意后面没有分号 */
  {
   int temp;
   if(x1 < x2)
      temp = x1;
  else
   temp = x2;
```

```
    if(temp > x3)
      temp = x3;
    return(temp);
}
```

2）如果被调用的是 C 语言库函数，则应该在源程序的开头处使用包含命令#include “头文件.h”。

#include “头文件.h”将存放被调用库函数的头文件包含到该程序中来。有关包含命令的相关知识留在后面详细介绍。

#include 命令的一般形式为：

#include "stdio.h"或#include <stdio.h>

函数调用时的几点说明：

① 最好在参数列表中列出每个参数的类型，即使参数是默认的 int 型。

② 如果参数的类型声明放在()内的形参列表中，则对每个形参都要进行对应的类型说明，不能省略，否则会发生意义的改变，如“float max(float x,float y)”表示形参 x、y 都是 float 型，但是在“float max(float x,y)”中，y 为系统默认的 int 类型。

③ 无论有无形参，函数名后的括号都不能省略。

④ 应尽可能多地使用系统提供的库函数。

⑤ 为避免混淆，形式参数和实际参数尽量不使用相同的名字。

⑥ 选择有意义的参数名和函数名可以使程序具有良好的可读性，避免过多地使用注释。

⑦ 需要大量参数的函数可能包含较多的功能（任务），这种情况应该考虑将该函数分为完成若干个任务的函数。

⑧ 函数原型、函数头部和函数调用应该具有一致的参数个数、参数类型、参数顺序和返回值类型。

5.4 函数的嵌套和递归调用

5.4.1 函数的嵌套调用

一般地说，函数的嵌套调用是指在执行被调用函数时，该函数又调用其他函数的情形。

C 语言中不允许嵌套的函数定义，因此各函数之间是平行的，不存在上一级函数和下一级函数的问题。但是 C 语言允许在一个函数的定义中出现对另一个函数的调用，这样就出现了函数的嵌套调用，即在被调函数中又调用其他函数，这与其他语言的子程序嵌套的情形类似。图 5-3 表示的是两层嵌套，其执行过程是：

① 执行 main()函数的开头部分；

② 遇到调用 a()函数的操作语句，流程就转去 a()函数；

③ 执行函数 a()的开头部分；

④ 遇到调用 b()函数的操作语句，流程转去 b()函数；

⑤ 执行 b()函数，若再无其他嵌套函数，则完成 b 函数的全部操作；

⑥ 返回调用 b()函数处，即返回 a()函数；

⑦ 继续执行 a( ) 函数中尚未执行的部分，直到 a( ) 函数结束；

⑧ 返回 main( ) 函数中调用 a( ) 函数的地方；

⑨ 继续执行 main( ) 函数的剩余部分直到结束。

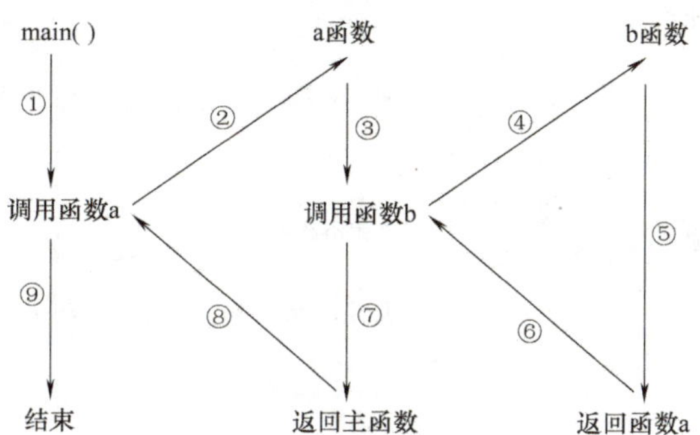

图 5-3 嵌套函数执行过程

【例 5-11】 求三个数中最大数和最小数的差值。

```
#include <stdio.h>
   int dif(int x,int y,int z);
   int max(int x,int y,int z);
   int min(int x,int y,int z);
void main()
   {
   int a,b,c,d;
   scanf("%d%d%d",&a,&b,&c);
   d=dif(a,b,c);                    /*在 main()函数中调用 dif()函数*/
   printf("Max-Min=%d\n",d);
}
int dif(int x,int y,int z)
{
   return max(x,y,z)-min(x,y,z);  /*在 dif()函数中嵌套调用 max()和 min()函数*/
   }
   int max(int x,int y,int z)
   {    int r;
        r=x>y? x:y;
        return(r>z? r:z);
}
int min(int x,int y,int z)
   {
     int r;
```

```
    r = x < y? x:y;
    return(r < z? r:z);
}
```

函数执行的过程如图 5-4 所示。

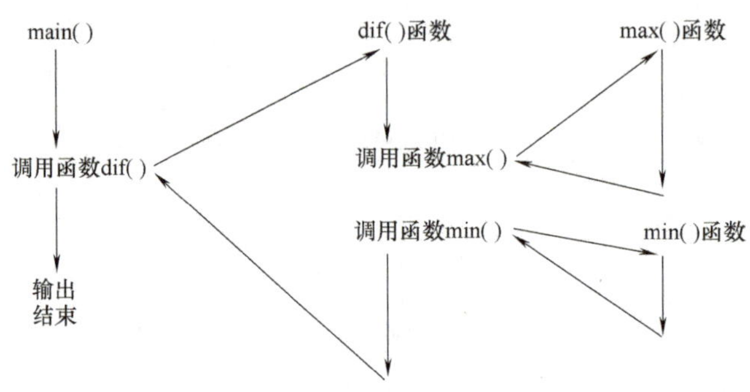

图 5-4 【例 5-11】中函数的执行过程

5.4.2 函数的递归调用

函数调用其本身，称为递归调用。直接在函数内调用自己为直接递归，通过别的函数调用自己为间接递归。递归在解决某些问题时，是一个十分有用的方法。原因有两个：其一，有的问题本身就是递归定义的；其二，可以使某些看起来不易解决的问题变得容易解决，写出的程序较简短。

以下程序片段：

```
int fun(float a)
{
  int b = 1;
  b = fun(a + b);
  return(a * b);
}
```

在调用 fun( )函数的过程中，又要调用 fun( )函数，这就是直接调用本函数的递归调用方法。

一般在函数中要求不出现无终止的递归调用，递归调用的次数要为有限的次数。

【例 5-12】 用递归方法求 n!。

由于 n! = n * (n - 1)!，所以要计算 n! 就必须先知道(n - 1)!，而要求(n - 1)! 就必须先知道(n - 2)!，依次类推，要求 2! 就必须先知道 1!，而 1! = 1。以上关系可以用如下的式子来表示：

$$n! = \begin{cases} 1 & \text{当 } n = 0 \text{ 或 } n = 1 \text{ 时} \\ n * (n-1)! & \text{当 } n > 1 \text{ 时} \end{cases}$$

可以用以下程序来实现上述递归过程：

```
#include "stdio.h"
long fac(int n)
```

```
 {
 long f;
 if(n<0)
   printf("n<0,data error!");
 else if(n==0||n==1)
   f=1;
 else
   f=fac(n-1)*n;
 return(f);
}
main()
 {
   int n;
   long y;
   printf("input a integer number:");
   scanf("%d",&n);
   y=fac(n);
   printf("%d!=%ld\n",n,y);
   }
```

一个正确的递归函数必须保证递归过程是有限次的，也就是说，递归函数的调用是有条件的，而且每次调用完后条件会改变，否则将会出现无休止地递推而无法回归的死递归。

5.5　数组与函数

前面已经介绍了可以用变量作函数的参数，此外，数组也可以作为函数的参数使用，来进行数据传送。数组作为函数参数有两种形式：一种是把数组元素（下标变量）作为实参使用；另一种是把数组名作为函数的形参和实参使用，传递的是数组的首地址。

1. 数组元素作为函数参数

数组元素就是下标变量，它与普通变量并无区别。数组元素只能做函数实参，其用法与普通变量一样，在发生函数调用时，把数组元素的值传送给形参，实现数据的单向传送。

【例5-13】　数组元素作函数参数实例：输入10个学生的成绩（整数），要求输出不及格学生的学号和成绩，学号就是输入的顺序号。程序如下：

```
#include <stdio.h>
int nopass(int n)
 {
   if(n>=60)
     return 0;
   else
```

```
        return 1;
    }
main( )
    {
        int a[10],i;
        printf("请输入 10 个学生的成绩:\n");
        for(i=0;i<10;i++)
            scanf("%d",&a[i]);
        printf("学号          成绩\n");
        for(i=0;i<10;i++)
            if(nopass(a[i]))
                printf("%3d%10d\n",i+1,a[i]);
    }
```

程序运行结果如图 5-5 所示。

说明:

① 用数组元素作为实参时，只要数组类型与函数的形参类型一致即可，并不要求函数的形参也是下标变量。换句话说，对数组元素的处理是按普通变量对待的。

② 在普通变量或下标变量作为函数实参时，形参变量和实参变量是由编译系统分配的两个不同的内存单元。在函数调用时发生值传送，把实参变量的值赋予形参变量。

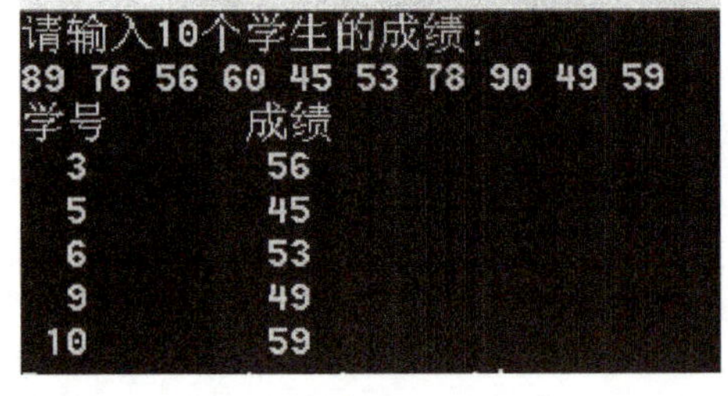

图 5-5 【例 5-13】运行结果

【例 5-14】 数组元素作函数参数实例：判别一个整数数组中各元素的值，若大于 0 则输出该值，若小于等于 0 则输出 0 值。

```
#include <stdio.h>
void fun(int v)
  {
  if(v>0)
     printf("%d\n",v);
  else
     printf("%d\n",0);
  }
main( )
  {
  int a[5],i;
  printf("input 5 numbers\n");
```

```
for(i=0;i<5;i++)
  {
    scanf("%d",&a[i]);
    fun(a[i]);
  }
}
```

2. 数组名作为函数参数

用数组名作函数参数，既可以作实参，也可以作形参。

用数组名作函数参数时，要求形参和相对应的实参都必须是类型相同的数组，而且必须有明确的数组说明。

【例5-15】 数组a中存放了一个学生5门课程的成绩，求平均成绩。

```
#include "stdio.h"
float aver(float a[])
  {
    int i;
    float av,s=a[0];
    for(i=1;i<5;i++)
    s=s+a[i];
    av=s/5;
    return av;
  }
void main()
  {
    float score[5],av;
    int i;
    printf("请输入5个分数:\n");
    for(i=0;i<5;i++)
    scanf("%f",&score[i]);
    av=aver(score);
    printf("average score is %f\n",av);
    }
```

程序运行结果如图5-6所示。

```
请输入5个分数:
85.5 96 75 43 60
average score is 71.900000
```

图5-6　【例5-15】运行结果

数组名作参数有两点需要说明：

① 用数组名作函数参数时，则要求形参和相对应的实参都必须是类型相同的数组，都必须有明确的数组说明。当形参和实参不一致时，即会发生错误。

② 在用数组名作函数参数时，不是进行值的传送，即不是把实参数组的每一个元素的值都赋予形参数组的各个元素。那么，数据的传送是如何实现的呢？前面曾介绍过，数组名就是数组的首地址，因此在数组名作函数参数时所进行的传送只是地址的传送，也就是说把实参数组的首地址赋予形参数组名。形参数组名取得该首地址之后，也就等于有了实在的数组。实际上是形参数组和实参数组为同一数组，共同拥有一段内存空间。

5.6 变量的作用域与存储类别

C 语言程序由若干函数组成，在函数体内或函数外部都可以定义变量。不同位置定义的变量，其作用域也不同，作用域确定程序在何处引用变量。存储类别表示系统为变量分配存储空间的方式。存储类别确定了系统在何时、何处为变量分配存储空间，又在何时收回变量所占的存储空间。

5.6.1 变量的作用域

所谓变量的作用域就是指变量能有效引用的范围，每一个变量都有它的作用域，根据变量的作用域不同，可以将变量划分为两类：局部变量和全局变量。

1. 局部变量

局部变量就是在某个局部存在、有效，也称为内部变量。在一个函数内部定义的变量是局部变量，它只有在本函数范围内才有效，也就是说只有在本函数内才能对该变量进行赋值或使用该变量，一旦离开了这个函数就不能对该变量进行引用。主函数 main() 中定义的变量也只有在主函数中有效，而不会因为其在主函数中定义了就在整个程序中有效，同样，主函数也不能使用其他函数中定义的变量。不同函数可以使用相同的变量名，它们代表不同的对象，互不干扰。在一个函数内部，可以在复合语句中定义变量，它们只在本复合语句中有效，这些复合语句也称为程序或程序块，例如：

```
void fun(int x)
{
 int y = 5;                              /* x、y 作用域开始 */
 y++;
 {
 int z = 10;                             /* z 作用域开始 */
 z = x + y;
 printf("z = %d",z);
 }                                       /* z 作用域结束 */
 printf("x = %d,y = %d",x,y);
}                                        /* x、y 作用域结束 */
```

复合语句中变量的作用域从定义处开始到它所在的复合语句结束为止。局部变量在引用前必须有值，否则结果是未知数。每次调用 fun 函数时，系统都为形参 x 分配内存单元，将实参的值送给 x，然后进入到函数体为局部变量分配内存单元。当局部变量的作用域结束时，系统将收回其所占的内存单元，当然用户不用关心局部变量所占内存单元的分配和收回。

C 语言规定，在局部变量作用域外使用它们是非法的，比如：

```
void fun(int x)
{
 int y =5;                          /* x、y 作用域开始 */
 y ++;
 {
    int z =10;                      /* z 作用域开始 */
    z =x +y;
    printf("z =%d",z);
 }                                  /* z 作用域结束 */
 printf("x =%d,y =%d,z =%d",x,y,z);
}                                   /* x、y 作用域结束 */
```

编译时会提示有“'z': undeclared identifier”这样的错误，这是因为在语句“printf("x =%d,y =%d,z =%d",x,y,z);”中引用了作用域已结束的局部变量 z。

根据 C 语言规定，在同一层中不允许定义相同名字的变量，但是在不同层中允许定义同名变量。因此，复合语句中定义的局部变量可以和外层的局部变量同名，此时在复合语句中的局部变量的作用域内，只能引用复合语句的局部变量，例如：

```
void fun1(int x)
{
  int y =5;                         /* x、y 作用域开始 */
  y ++;
  {
   int x =10;                       /* 复合语句局部变量 x 作用域开始 */
   x =x +y;
   printf("x =%d",x);
  }                                 /* 复合语句局部变量 x 作用域结束 */
  printf("x =%d",x);
}                                   /* x、y 作用域结束 */
```

当调用 fun1() 函数时，该程序段运行到第一个“printf("x =%d",x);”时，输出的是与形参同名的复合语句局部变量 x 的值 16，运行到第二个“printf("x =%d",x);”时，输出的是形参 x 的值。

【例 5-16】 分析下面程序中有相同变量名的 3 个局部变量 k 各自的作用域，以及当 scanf() 函数给 k 输入数据 15 后，后 4 个 printf() 函数的输出结果。

```
#include "stdio.h"
main()
{
    int k;
    printf("Enter an integer:");
    scanf("%d",&k);
    printf("1—in entery k is %d\n",k);
    if(k>0)
    {
      int k=-10;
      printf("2—in if k is %d\n",k);
    }
  else
    {
      int k=10;
      printf("3—in else k is %d\n",k);
    }
  printf("4—in exit k is %d\n",k);
}
```

分析：在进入 main() 函数时，说明了第 1 个变量 k；在进入 if 时，说明了第 2 个变量 k；在进入 else 时，说明了第 3 个变量 k。因此第 1 个 k 的作用域应是除去 if 和 else 两个复合语句以外的整个范围；第 2 个 k 的作用域是说明它的那个 if 的复合语句；第 3 个 k 的作用域是说明它的那个 else 的复合语句。根据每个 k 的作用域可以知道，第 1 个 printf() 函数打印出："1—in entry k is15"，第 2 个 printf() 函数打印出："2—in if k is –10"，第 3 个 printf() 函数不执行；第 4 个 printf() 函数打印出："4—in exit k is 15"。

2. 全局变量

在函数之外定义的变量称为全局变量，又叫外部变量。它的默认有效范围是：从定义变量位置的开始到本源程序的结束，即全局变量可以被有效范围内的多个函数共用。全局变量增加了函数间数据联系的渠道，如果在一个函数中改变了全局变量的值，就能影响其他函数对全局变量的引用。因此，全局变量提供了各函数之间直接的数据传递通道。

```
int a;                    /*定义全局变量 a,可以在 main()和 fun1()函数中引用*/
void main()
{
  int x,y;                /*定义局部变量 x、y,在 main()函数中引用*/
  …;
}
  int b;                  /*定义全局变量 b,可在 fun1()函数中引用*/
```

```
fun1(int z)                   /* 定义局部变量 z,在 fun1()函数中引用 */
{
int c;                        /* 定义局部变量 c,在 fun1()函数中引用 */
…
}
```

如果全局变量在源程序开头处定义，则在整个程序范围内都可以使用；否则，按上面规定的作用范围只限定于定义点到该源程序结束。如果在定义点之前的函数想引用该全局变量，则应该在该函数中用关键字 extern 做全局变量声明。全局变量声明的一般形式为：

extern 类型名 全局变量名;

例如，在上面的程序片段中，若 main()函数也要引用全局变量 b，那就要进行全局变量声明。

```
int a;                        /* 定义全局变量 a,可以在 main()和 fun1()函数中引用 */
extern int b;                 /* 声明全局变量 b,将 b 的作用域扩大到函数 main()中 */
void main()
{
  int x,y;                    /* 定义局部变量 x、y,在 main 函数中引用 */
  …
}
int b;                        /* 定义全局变量 b,在 fun1()函数中引用 */
fun1(int z)                   /* 定义局部变量 z,在 fun1()函数中引用 */
{
  int c;                      /* 定义局部变量 c,在 fun1()函数中引用 */
  …
}
```

C 语言规定全局变量的定义和声明并不是一个概念。全局变量只能被定义一次，它的位置在所有函数之外，定义时可以进行初始化，但它可以被多次声明，而且声明的位置既可以在函数内也可以在函数外。全局变量只有在定义时系统才会分配存储空间，声明时，不会再对该变量分配存储空间。

函数调用通过 return 语句只能返回一个值，而通过使用全局变量可以实现多值返回。

【例 5-17】 编写一个函数，求两个数的和与积。

```
#include "stdio.h"
float add,mult;              /* 定义全局变量 add、mult,可以在 main()和 fun()函数中引用 */
void fun(float x,float y)    /* 定义 fun 函数 */
{
  add = x + y;               /* 将和赋值给 add */
  mult = x * y;              /* 将乘积赋值给 mult */
}
```

```
void main()
{
float a,float b;
scanf("%f%f",&a,&b);
fun(a,b);
printf("%f,%f\n",add,mult);  /*主函数中引用全局变量 add、mult,并输出结果*/
}
```

如果在同一个源文件中，全局变量与局部变量同名，则在局部变量的作用范围内，外部变量不起作用，例如：

```
#include "stdio.h"
int x,y;                          /*全局变量 x、y 作用域开始*/
int min()
{
  int x=2,y=10;                   /*局部变量 x、y 作用域开始*/
  return(x<y? x:y);               /*局部变量 x、y 作用域结束*/
}
void main()
{
  x=4,y=6;
  printf("min()=%d\n",min());
}                                 /*全局变量 x、y 作用域结束*/
```

全局变量 x、y 与 min()函数中局部变量 x、y 同名，在 min()函数中，引用的是局部变量，函数值为 2，返回主函数后，输出 min()=2。

5.6.2 变量的存储类别

C 语言程序在运行时，供用户使用的内存空间由程序存储区、静态存储区和动态存储区三部分组成。程序存储区存储程序代码，静态存储区和动态存储区存放程序中处理的数据。

变量的存储类别从变量值存在的时间角度来划分，可以分为动态存储类和静态存储类。所谓动态存储类指的是在程序运行期间根据需要动态分配空间的方式，而静态存储类是指在程序运行期间分配固定的存储空间的方式。变量在内存中的存储方式决定了变量值在内存中存在的时间（即生存期），且不同存储方式的变量存放在不同的存储区。

静态存储类的变量存放在静态存储区，其生存期从程序开始执行到程序结束为止。程序编译系统在静态存储区中为它们分配内存单元，程序执行过程中它们一直占据给定的存储单元，当程序结束时，这些存储单元自动释放。也就是说在程序执行过程中，它们占据固定的存储单元，而不是动态地分配和释放。

动态存储类的变量存放在动态存储区，其生命期从函数调用时开始到函数返回时为止。在程序执行过程中使用它们，系统就在动态存储区为它们分配内存单元，使用完毕立即释放。典型的例子就是函数的形数，在函数定义时并不给形参分配内存单元，只有在函数被调用时才分配内存单元，函数调用完毕后立即释放。如果一个函数被多次调用，则会多次分配和释放形参变量的内存单元。

说明变量存储类型的格式为

存储类型 数据类型 变量名表；

其中存储类型和数据类型可以交换次序，与存储类型有关的关键字有 auto（自动）、static（静态）、register（寄存器）和 extern（外部）。存储类型直接影响着变量在函数中的作用域。

1. 自动变量

当在函数的内部或复合语句中定义变量时，没有指定存储类型或使用了关键字 auto，则该变量就为自动变量。自动变量属于动态存储类。系统在每次进入函数或复合语句时，在动态存储区为定义的自动变量分配存储空间。函数执行结束或复合语句结束时，自动变量的存储空间被释放，例如：

```
void fun1()
{
  int x = 1;          /* 定义自动变量 */
  x ++ ;
  printf("x = %d\n",x);
}
```

不管调用多少次 fun1()函数，运行结果都是 2。

2. 静态变量

当在函数内部或函数外部定义变量时，使用了关键字 static，则该变量就是静态变量。静态变量属于静态存储类，程序编译时，系统在静态存储区为它们分配内存单元，当程序执行结束时这些存储单元自动释放。静态变量的作用域根据静态变量定义位置的不同分为静态局部变量和静态全局变量。在函数内定义的静态变量称为静态局部变量，在函数外定义的静态变量称为静态全局变量，例如：

```
void fun1()
{
  int static x = 1;          /* 定义静态局部变量 */
  x ++ ;
  printf("x = %d\n",x);
}
```

在调用 fun1()函数之前，静态局部变量 x 已经存在于静态存储区中了，且被赋初始值为 1。第一次调用 fun1()函数，静态局部变量定义语句不执行，x 自增 1 后为 2，函数调用结束后，x 的存储空间不释放。以后第二次、第三次调用 fun1()函数时，都是在上一次调用结束时的 x 值上加 1。

【例 5-18】 分析下面的程序，理解一般局部变量与静态局部变量之间的区别。

```
#include "stdio.h"
```

```
void fun()
{
    static int x = 1;
    auto int y = 1;
    printf("x = %d\ty = %d\n",x,y);
    x ++;
    y ++;
    printf("x = %d\t y = %d\n",x,y);
    printf("- - - - - - - - - - - - - - - -\n");
}
main()
{
    int j;
    for(j = 1;j < =3;j ++)
    fun();
}
```

解析：main()函数循环调用 fun()函数 3 次。在 fun()函数里，声明了一个 static 变量 x，初值为 1；声明了一个 auto 变量 y，初值也为 1。main 函数每次调用 fun()函数时，第 1 个 printf()函数总是输出进入 fun()函数时的情形；第 2 个 printf()函数总是输出对 x、y 各自做了自增操作后的情形。

每次进入 fun()函数时，先是执行 y 赋初值的语句。正是因为如此，3 次循环中的第 1 个 printf()函数输出的都是"y = 1"。每次进入 fun()函数时，x 总是继承上次的运行结果：第 1 次 x = 1，是初值；第 2 次 x = 2，是上次自增后的结果；第 3 次 x = 3，也是上次自增后的结果。可见，对静态局部变量，赋初值操作只做一次。在两次调用之间，它将保持原有的值。程序运行结果如图 5-7 所示。

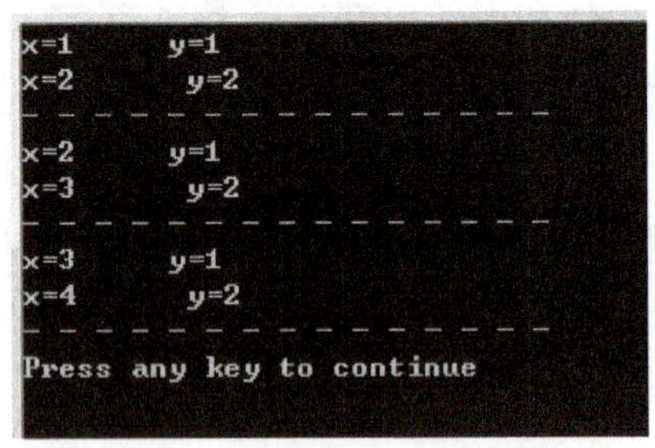

图 5-7 【例 5-18】运行结果

3. 外部变量

外部变量也称全局变量，全局变量可以被整个程序中的文件引用，如果在每个文件中都定义一次全局变量，单个文件编译时没有语法错误，但当把所有文件连接起来时，就会产生对同一个全局变量多次定义的连接错误。为了避免这种情况，全局变量只需在一个文件中定义，在其他文件中若要引用该变量，只需用 extern 将该变量声明成外部变量，其目的是告诉计算机这个变量是全局变量且已经在其他文件中定义过。

4. 寄存器变量

前面介绍的变量都是内存变量，它们都是编译程序在内存单元中分配的单元。静态变量和外部变量被分配到内存的静态存储区，自动变量被分配到内存的动态存储区。C 语言还允许程序员使用 CPU 中的寄存器存放数据，即可以通过变量访问寄存器。这种变量存放在 CPU 中的寄存器内，使用时，不需要访问内存，而直接从寄存器中读写，从而提高了效率。计算机的寄存器是有限的，为确保寄存器用于最需要的地方，应将使用最频繁的值定义为寄存器变量。寄存器变量用的关键字是 register。

一般情况下，外部变量和寄存器变量在单片机程序中应用较多。

5.7 编译预处理

在前面各单元中，已多次使用过以“#”开头的预处理命令，如包含命令#include、宏定义命令#define 等。在源程序中这些命令都放在函数之外，而且一般都放在源程序的前面，被称为编译预处理部分。

所谓编译预处理是指在对源程序进行编译前，先对源程序中的编译预处理命令进行处理，然后将处理的结果和源程序进行编译，以得到目标代码。预处理是 C 语言的一个重要功能，它由预处理程序负责完成。

C 语言提供了多种预处理功能，如宏定义、文件包含、条件编译等。合理地使用预处理功能编写的程序便于阅读、修改、移植和调试，也有利于模块化程序设计。本节主要介绍常用的几种预处理功能。

5.7.1 文件包含

文件包含是指一个源文件可以将另一个源文件的全部内容包含进来。

文件包含预处理命令的一般格式为

#include <文件名>

或#include "文件名"

例如：

#include "stdio.h"

#include <math.h>

#include "stdio.h"命令的功能是把标准输入、输出函数包含进来，#include <math.h> 命令的功能是把数学库函数包含进来。在程序设计中，文件包含是很有用的。一个大的程序可以分为多个模块，由多个程序员分别编程。对于一些共用的常量、符号和功能函数，可以写入一个独立的文件中，在各自编写的源程序中用#include" 文件名" 将这个文件包含进来以实现共享。这样可避免在每个文件开头都去书写那些共用量，从而节省时间，并减少出错。

注意：

① 每行写一句，只能写一个文件名，结尾不加分号“;”，被包含的文件必须是源文件而不能是目标文件。

② 一个 include 命令只能指定一个被包含文件，若有多个文件要包含，则需用多个 include命令。

③ 在#include 命令中，文件名可以用尖括号或双引号括起来，二者都是合法的。其区别是用尖括号时，系统到存放 C 库函数头文件所在的目录中去寻找要包含的文件；用双引号

时，系统先在用户当前目录中寻找要包含的文件，若找不到，再到指定目录里找。

5.7.2 宏定义

在 C 语言中允许用一个标识符来表示一个字符串，称为宏。被定义为宏的标识符称为宏名。在编译预处理时，对程序中所有出现的宏名，都用宏定义中的字符串去代换，称为宏代换或宏展开。

宏定义是由源程序中的宏定义命令完成的，宏代换是由预处理程序自动完成的。

在 C 语言中，宏分为带参宏和无参宏两种。下面分别讨论这两种宏的定义和调用。

1. 无参宏定义

无参宏的宏名后不带参数。其定义的一般形式为

#define 标识符 字符串

其中的“#”表示这是一条预处理命令，凡是以“#”开头的均为预处理命令，“define”为宏定义命令；“标识符”为所定义的宏名；“字符串”可以是常数、表达式等。对于在程序中反复使用的表达式或常量，可以进行宏定义，后面用到该表达式或常量的地方就用该宏来替换。这样既可以提高源程序的可维护性和可移植性，又可以减少源程序中重复写字符串的工作量，提高编程效率。

【例 5-19】 无参宏使用举例：利用无参宏求圆的周长、面积和体积。

```
#include "stdio.h"
#define PI 3.1415926              /*PI是宏名,3.1415926是用来替换宏名的常数*/
void main()
{   double radius,length,area,volume;
    printf("Please input radius:");
    scanf("%lf",&radius);
    length =2*PI*radius;                        /*引用无参宏求周长*/
    area = PI*radius*radius;                    /*引用无参宏求面积*/
    volume = PI*radius*radius*radius*3/4;       /*引用无参宏求体积*/
    printf("length = %lf,area = %lf,volume = %lf,\n",length,area,volume);
}
```

使用中应注意下面几点：

① 习惯上宏名一般用大写字母表示，这样方便和变量区别。

② 宏定义不是 C 语言的语句，书写时行末不应加分号。

③ 在进行宏定义时，可以引用已定义的宏名，例如：

```
#define ONE   2
#define TWO   ONE + ONE
#define THREE   ONE + TWO
```

④ 当宏定义中的字符串是表达式时，为稳妥起见常将它用括号括起来。

⑤ 宏名在源程序中若用引号括起来，则预处理程序不对其作宏代换。

```
#include "stdio.h"
```

```
#define XYZ  this is a test
void main( )
{
    printf( "XYZ " ) ;
    printf( " \n" ) ;
}
```

上例中定义宏名“XYZ”表示“this is a test”，但在printf函数中“XYZ”被引号括起来了，因此不作宏代换。程序的运行结果是“XYZ”而不是“this is a test”，这表示把“XYZ”当字符串处理。

⑥ 若宏名出现在标识符内，则预处理时它也不被替换。

⑦ 与变量定义不同，宏定义只作字符替换，不分配内存空间，也不做正确性检查。

2. 带参宏定义

C语言允许宏带有参数，在宏定义中的参数称为形式参数，在宏调用中的参数称为实际参数。在调用带参宏时，不仅要宏展开，而且要用实参去代换形参。

带参宏定义的一般形式为

#define 宏名(形参表)字符串

在“字符串”中含有各个形参。

带参宏调用的一般形式为

宏名(实参表);

【例5-20】 带参宏使用举例：利用带参宏求两个数中的最小值。

```
#include "stdio. h"
#define MIN(a,b)(a<b)? a:b                /*定义一个带参宏MIN*/
void main( )
{  int x =10,y =20,min;
   min = MIN(x,y);                        /*宏调用*/
   printf("min = %d\n",MIN(x,y));
}
```

则程序运行后输出结果为10。

【例5-20】中的第二行进行了带参宏定义，用宏名MIN表示条件表达式（a<b）? a:b，形参a、b均出现在条件表达式中。程序中语句“min = MIN(x,y);”为宏调用，实参x、y将代换形参a、b。宏展开后该语句为

min = (x<y)? x:y;

用于计算x、y中的最小值。

对于带参宏定义有以下问题需要说明：

① 带参宏定义中，宏名和形参表之间不能有空格出现。

例如把#define MIN(a,b)(a<b)? a:b写为#define MIN　(a,b)(a<b)? a:b，将被认为是无参宏定义，宏名MIN代表字符串(a,b)(a<b)? a:b。宏展开时，宏调用语句：

```
min = MIN(x,y);
```

将变为　　min = (a,b)(a < b)? a:b(x,y);

这显然是错误的。

② 在带参宏定义中，形式参数不分配内存单元，因此不必作类型定义。而宏调用中的实参有具体的值，要用它们去代换形参，因此必须作类型说明，这与函数的情况不同。在函数中，形参和实参是两个不同的量，各有自己的作用域，调用时要把实参值赋予形参，进行值传递。而在带参宏中，只是符号代换，不存在值传递的问题。

③ 宏定义中的形参是标识符，而宏调用中的实参可以是表达式。

【例 5-21】 用宏来计算二次方。

```
#include "stdio.h"
#define TEST(y)(y)*(y)        /*用宏来计算二次方*/
void main()
{   int a,test;
    printf("input a number:");
    scanf("%d",&a);
    test = TEST(a+1);
    printf("test = %d\n",test);
}
```

如果在程序编译、连接、运行后输入数据 6，那么最后输出的结果就是 test = 49。

上例中第二行为宏定义，形参为 y。语句“test = TEST(a+1);”宏调用中实参为 a+1，其是一个表达式，在宏展开时，用 a+1 代换 y，再用(y)*(y)代换 TEST，得到如下语句：

```
test = (a+1)*(a+1);
```

这与函数的调用是不同的，函数调用时要把实参表达式的值求出来再赋予形参，而宏代换中对实参表达式不作计算直接原样代换。

④ 在宏定义中，字符串内的形参通常要用括号括起来以避免出错。在上例宏定义中(y)*(y)表达式的 y 都用括号括起来，因此结果是正确的。如果去掉括号，则程序变为例 5-22 的形式。

【例 5-22】 在带参宏的定义中不使用括号。

```
#include "stdio.h"
#define TEST(y)y*y
void main()
{   int a,test;
    printf("input a number:");
    scanf("%d",&a);
    test = TEST(a+1);
    printf("test = %d\n",test);
}
```

同样输入6，但输出结果却是test=13。问题出在哪里呢？这是由于代换只作符号代换而不作其他处理而造成的。宏代换后将得到以下语句：

```
test=a+1*a+1;
```

由于a为6，故test的值为13。这显然与题意不符，因此参数两边的括号是不能少的。但有时即使在参数两边加括号也还是不够的，请看下面程序：

【例5-23】 在宏定义的参数两边加括号。

```
#include "stdio.h"
#define TEST(y)(y)*(y)                    /*用宏来实现二次方*/
void main()
{
    int a,test;
    printf("input a number:");
    scanf("%d",&a);
    test=160/TEST(a+1);
    printf("test=%d\n",test);
}
```

本程序与前例相比，只把宏调用语句改为：

```
test=160/TEST(a+1);
```

运行本程序如输入值仍为6时，希望结果为3，但实际程序运行的结果却是test=154。

为什么会得到这样的结果呢？分析宏调用语句，在宏代换之后变为：

```
test=160/(a+1)*(a+1);
```

a为6时，由于“/”和“*”运算符优先级和结合性相同，则先运算160/(a+1)得22，再运算22*(a+1)，最后得154。

为了得到正确答案应在宏定义中的整个字符串外加括号，程序修改如下：

【例5-24】 在宏定义的整个字符串外加括号。

```
#include "stdio.h"
#define TEST(y)((y)*(y))                  /*用宏来实现二次方*/
void main()
{   int a,test;
    printf("input a number:");
    scanf("%d",&a);
    test=160/TEST(a+1);
    printf("test=%d\n",test);
}
```

此时输入数据6，得到输出结果为test=3。

以上讨论说明，对于宏定义不仅应在参数两侧加括号，也应在整个字符串外加括号。

5.7.3 条件编译

一般情况下，源程序中所有的行都参加编译。但有时希望其中一部分内容只在满足一定条件时才进行编译，这就是条件编译。条件编译按照不同的条件去编译程序不同的部分，从而生成不同的目标代码，以实现程序的不同功能。条件编译可构造多种条件下运行的程序，提高程序的通用性和可移植性，便于程序的调试与纠错。

与条件编译相关的预处理指令有：#if、#else、#ifdef、#ifndef 和#endif。

1. #ifdef 的使用方法

```
形式：#ifdef  宏名
          程序段 1；
      #else
          程序段 2；
      #endif
```

它的功能就是当宏名（标识符）已被#define 定义时，编译程序段 1，否则编译程序段 2。其中#else 部分可以没有。

2. #ifndef 的使用方法

```
形式：#ifndef  宏名
          程序段 1；
      #else
          程序段 2；
      #endif
```

它的功能就是当宏名（标识符）未被#define 定义时，编译程序段 1，否则编译程序段 2，与#ifdef 正好相反。

3. #if 的使用方法

```
#if 常量表达式
    程序段 1；
#else
    程序段 2；
#endif
```

它的功能就是如果常量表达式为真，编译程序段 1，否则编译程序段 2。

【例 5-25】 输入一个口令，根据需要设置条件编译，使之在调试程序时，按原码输出，在使用时输出"＊"号。

```
#include "stdio.h"
#define DEBUG
void main()
{
    char pass[80];
    int i = -1;
```

```
    printf("Please Input Password:");
    do
    {
      i++;
      pass[i]=getchar();
      #ifdef  DEBUG
        putchar(pass[i]);
      #else
        putchar('*');
      #endif
    }while(pass[i]!='\n');
}
```

程序运行后，运行结果如图 5-8a 所示。

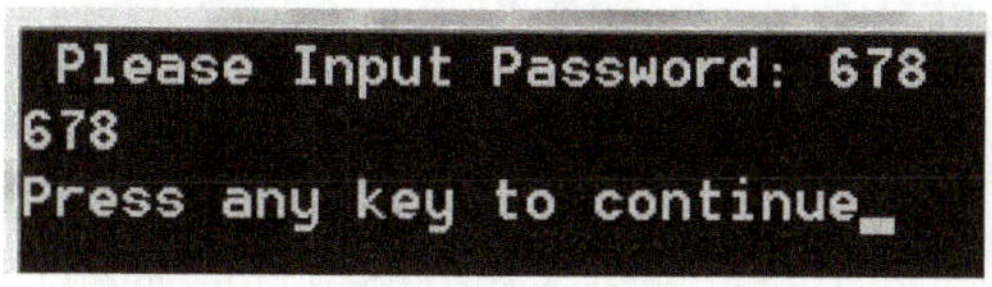

```
Please Input Password: 678
678
Press any key to continue_
```

a) 宏名已定义

```
Please Input Password: 678
****Press any key to continue
```

b) 宏名未定义

图 5-8　#define DEBUG 输出结果对比图

如果把第二行#define DEBUG 删掉再运行程序的话，同样输入 678，则输出的结果如图 5-8b图所示。

【任务实施】

要想完成此任务，必须熟练掌握函数的定义与调用，理解变量的作用域和存储类别，掌握编译预处理命令等。

解题思路：

① 编写成绩输入函数：利用循环语句和 scanf()函数输入全班共三门课的分数；

② 编写总分函数和平均分函数：利用算术运算符计算出每人的总分和平均分；

③ 编写成绩输出函数：利用 printf()函数，把上面计算的总分和平均分打印输出；

④ 编写 main 函数，调用上面写的三个函数即可。程序如下：

```
#include "stdio.h"
#define MAX  1000                /*宏定义数组长度*/
#define M  100                   /*宏定义数组长度*/
float sum[M],ave[M];             /*定义 sum 数组和 ave 数组,用来存放每门课的总
                                   分和平均分*/
int i,j;                         /*全局变量 i、j*/
```

```
int count,course;                 /* 定义全局变量,count 表示学生总人数,course 表示
                                     课程门数 */
float a[MAX][M];                  /* 定义 a 数组用来存放分数 */
void input()                      /* 定义成绩输入函数 input */
{
printf("请输入课程的门数:");
scanf("%d",&course);
printf("请输入学生总人数:");
scanf("%d",&count);
printf("请输入每个学生的课程成绩:\n");
for(i=0;i<count;i++)              /* 利用双重循环输入每个学生的每门课程分数 */
    for(j=0;j<course;j++)
    {
        scanf("%f",&a[i][j]); /* 把输入的分数放入 a 数组里面 */
    }
}
void sum_ave(int s,int r)         /* 定义每门课程的总分和平均分函数 sum_ave(),有
                                     两个形参 */
{
for(i=0;i<r;i++)
{   sum[i]=0.0;
    for(j=0;j<s;j++)
    {
    sum[i]=sum[i]+a[j][i];
    }
    ave[i]=sum[i]/s;
}
}
void output()                     /* 定义成绩输出函数 output() */
{
 for(i=0;i<course;i++)
printf("第%d 门课程学生成绩的总分是%f 分\t,平均分数%f 分\n",i+1,sum[i],ave[i]);
}
void main()
{
    input();                      /* 调用成绩输入函数 input() */
    sum_ave(count,course);        /* 调用每门课程的总分和平均分函数 sum_ave(),
```

```
                               两个实参 */
    output();                  /* 调用成绩输出函数 output() */
}
```

假如班级有 10 人，3 门课程，输出结果如图 5-9 所示。

```
请输入课程的门数: 3
请输入学生总人数: 10
请输入每个学生的课程成绩:
78 89 76
89 96 90
56 78 86
89 95 93
91 98 89
65 78 69
96 99 100
82 85 96
100 98 99
65 85 66
第1门课程学生成绩的总分是811.000000  分 ,平均分数81.099998分
第2门课程学生成绩的总分是901.000000  分 ,平均分数90.099998分
第3门课程学生成绩的总分是864.000000  分 ,平均分数86.400002分
```

图 5-9 程序运行结果

【练一练】 学校举行知识竞赛，有 10 个学生参加，请编写一个函数，求平均分。

参考程序如下:

```
#include "stdio.h"
int i;
float ave(float score2[10])
{
    float sum =0;
    for(i =0;i <10;i ++)
      sum = sum + score2[i];
    return  sum/10;              /* 返回平均值 */
}
void main()
{
    float score1[10],average;
    printf("请输入 10 个学生的参赛成绩:\n");
    for(i =0;i <10;i ++)
      scanf("%f",&score1[i]);
    average = ave(score1);        /* 以数组名为实参调用函数 */
    printf("平均成绩为:%f\n",average);
}
```

程序运行结果如图 5-10 所示。

```
请输入10个学生的参赛成绩:
86 80 65 96 78 75 69 45 98 66
平均成绩为: 75.800000
```

图 5-10 【练一练】程序运行结果

小　结

在程序中使用函数，增加了程序的可读性，使程序在编写时更加简单，模块性更强。本单元详细介绍了在 C 语言程序中使用函数的基本方法。

1. 函数定义及调用：介绍了函数定义的形式，主要有无参和有参两种，在调用时强调函数返回值应与函数类型说明一致，若无返回值应定义为 void 类型。

2. 在数组作函数参数时，有两种形式，一种是数组元素作函数实参，用法与变量相同，另一种是数组名作实参和形参，传递的是数组的首地址。

3. 数据的存储类别分为两大类，静态存储类和动态存储类。函数中的局部变量如不作特殊说明，都是动态分配存储空间的，如作 static 说明，将称为静态局部变量。函数中的全局变量在函数外部定义，编译时分配在静态存储区。

4. 内部函数和外部函数，内部函数用 static 作说明，只能被本文件中其他函数所引用，外部函数用 extern 作说明，可以省略，外部函数可以被其他文件所引用。

5. 编译预处理指令是用来控制编译程序的命令。它解释了怎样将一个源文件的内容插入另一文件中，怎样在一个文件中进行正文替换以及怎样在不同情形下编译一个文件的不同部分。

6. 学习本单元应掌握如何编写函数，如何利用函数把较大的问题分解后加以解决，应掌握作用域的概念，进而掌握 C 语言程序的结构。

习题 5

一、选择题

1. return 语句（　　）。

A. 必须跟一个表达式　　　　B. 必须在每个函数中出现

C. 可以在同一个函数中出现多次　　　　D. 只能在除主函数之外的函数中出现

2. C 语言规定，简单变量做实参时，它和对应形参之间的数据传递方式是（　　）。

A. 地址传递　　　　B. 单向值传递

C. 由实参传给形参，再由形参传回给实参　　　　D. 由用户指定传递方式

3. 在以下对 C 语言的描述中，正确的是（　　）。

A. 调用函数时，只能将实参的值传递给形参，形参的值不能传递给实参

B. 函数既可以嵌套定义又可以递归调用

C. 函数必须有返回值，否则不能使用函数

D. C 语言程序中有调用关系的所有函数都必须放在同一源程序文件中

4. 以下叙述中错误的是（　　）。

A. 在 C 语言中，函数中的自动变量可以赋初值，每调用一次赋一次初值

B. 在 C 语言中，调用函数时，实参和对应形参在类型上只需兼容即可

C. 在 C 语言中，外部变量的隐含类别是自动存储类别
D. 在 C 语言中，函数形参的存储类型是自动类型

5. 以下关于 C 语言函数参数的说法不正确的是（　　）。
A. 实参可以是常量、变量或表达式　　B. 形参可以是常量、变量或表达式
C. 实参可以为任意类型　　D. 形参应与其对应的实参类型一致

6. C 语言允许函数值类型缺省定义，此时该函数值隐含的类型是（　　）。
A. float 型　　B. int 型　　C. long 型　　D. double 型

7. C 语言规定，函数返回值的类型是由（　　）。
A. return 语句中的表达式类型所决定　　B. 调用该函数时的主调函数类型所决定
C. 调用该函数时系统临时决定　　D. 定义函数时所指定的函数类型所决定

8. 在 C 语言程序中，以下正确的描述是（　　）。
A. 函数可以嵌套定义，但不可以嵌套调用　　B. 函数的定义和调用均可以嵌套
C. 函数不可以嵌套定义，但可以嵌套调用　　D. 函数的定义和调用均不可以嵌套

9. 若用数组名作为函数调用的实参，传递给形参的是（　　）。
A. 数组的首地址　　B. 数组第一个元素的值
C. 数组中全部元素的值　　D. 数组元素的个数

10. 如果在一个函数的复合语句中定义了一个变量，以下关于该变量正确的说法是(　　)。
A. 只在该复合语句中有效　　B. 在该函数中有效
C. 在本程序范围内均有效　　D. 为非法变量

11. 以下不正确的说法为（　　）。
A. 在不同函数中可以使用相同名字的变量
B. 形式参数是局部变量
C. 在函数内定义的变量只在本函数范围内有效
D. 在函数内的复合语句中定义的变量在本函数范围内有效

12. 下列函数 fun() 被调用了 3 次，a 的值是（　　）。

```
fun()
{
    static int a=1;
    ++a;
}
```

A. 1　　B. 2　　C. 3　　D. 4

13. 在 C 语言中，函数的数据类型是指（　　）。
A. 函数返回值的数据类型　　B. 函数形参的数据类型
C. 调用该函数时实参的数据类型　　D. 任意指定的数据类型

14. 函数调用时，以下说法正确的是（　　）。
A. 函数调用后必须带回返回值

B. 实际参数和形式参数可以同名

C. 函数间的数据传递不可以使用全局变量

D. 主调函数和被调函数总是在同一个文件里

15. 在 C 语言中，表示静态存储类别的关键字是（　　）。

A. auto　　B. register　　C. static　　D. extern

16. 未指定存储类别的变量，其隐含的存储类别为（　　）。

A. auto　　B. static　　C. extern　　D. register

17. 以下正确的函数原型说明语句是（　　）。

A. void fun(int x);　　B. float fun(void y);

C. double fun(x);　　D. int(char ch);

18. 下列不属于编译预处理的是（　　）。

A. 包含文件　　B. 条件编译　　C. 宏定义　　D. 连接

19. 下列语句中正确的是（　　）。

A. #define MYNAME = "ABC"　　B. #include string. h

C. for(i = 0; i < 10; i ++);　　D. #include <stdio. h>

20. 下列语句中错误的是（　　）。

A. #define PI = 3. 1415926　　B. #include "math. h"

C. if(2);　　D. for(;;)if(1)break;

21. 设有以下宏定义，则执行语句"z = 2 * (N + Y(5 + 1));"后，z 的值为（　　）。

```
#define N   3
#define Y(n)   ((N + 1) * n)
```

A. 出错　　B. 42　　C. 48　　D. 54

22. 以下程序中 for 循环执行的次数是（　　）。

```
#include "stdio. h"
#define  N  2
#define  M  N + 1
#define  NUM  (M + 1) * M/2
main()
{ int  i,n = 0;
  for(i = 1;i <= NUM;i ++)
printf("\n");
}
```

A. 5　　B. 6　　C. 8　　D. 9

23. 若函数的定义如下：

```
fun(char ch)
{
    …
```

}

那么该函数的返回值是（　　）。

A. void 型　　B. char 型　　C. float 型　　D. int 型

24. 以下函数中，函数返回的正确写法是（　　）。

A.
```
char fun()
{
    …
    return "abcde";
}
```

B.
```
int fun()
{
    …
    return;
}
```

C.
```
void fun()
{
    …
    return;
}
```

D.
```
void fun()
{
    …
    return (5);
}
```

二、填空题

1. C语言中的函数，从是否有返回值上可分为__________函数和________函数。

2. 定义函数时，在函数头部中除有函数名称外，还应有____________、参数等信息。

3. C语言中，在函数调用时使用的参数，称为________；在函数定义时，函数头部中列出的参数，称为__________。

4. 如果一个函数没有返回值，那么该函数的类型是________。

5. 在函数体内说明的一个具有static存储类型的变量，它的作用域是______________。

6. 设有定义"#define　F(N)2 * N"，则表达式F(2+3)的值是________。

7. 下面程序的功能是调用一个函数来求两个数之和，请将程序补充完整。

```
float sum(float x,float y)
{
 float z;
 z=x+y;
 ___________________;
}
main()
{
 float a,b;
 float c;
 scanf("%f,%f",&a,&b);
 c=sum(a,b);
 ___________________________;
}
```

8. 下面函数是求阶乘的递归调用函数，请将程序补充完整。

```
long Facto(int n)
{
  if(n<0)
  printf("data error\n")
  if(n==1||n==0)
     ____________;
  else
     ________________________;
}
```

9. 函数 Sum(int n) 用递归方法计算 $\sum_{i=1}^{n} i$ 的值，请补充程序中缺少的内容。

```
int Sum(int n)
{
  if(n<=0)
  printf("data error\n");
  if(n==1)
     __________;
  else
     __________;
}
```

10. 下面程序 for 循环执行______次，程序的运行结果是__________。

```
#include <stdio.h>
#define M 3
#define FMN M+M
main()
{int i,n=0;
 for(i=0;i<FMN;i++)
  {n++;printf("%d",n);}
}
```

三、程序阅读题

1. 阅读下面程序，给出程序的输出结果（　　）。

```
#include <stdio.h>
f(int a)
{
 int b=0;
 static int c=3;
```

```
 b ++ ;c ++ ;
 return(a + b + c);
}
main()
{
 int a =2,i;
 for(i =0;i <3;i ++)
 printf("%d ",f(a));
}
```

2. 阅读下面程序，其运行结果是（　　）。

```
#include <stdio.h>
int d =1;
fun(int p)
{
 int d =5;
d +=p ++;
printf("%d",d);
}
main()
{
 int a =3;
fun(a);
d +=a ++;
printf("%d\n",d);
}
```

3. 以下程序的运行结果是（　　）。

```
#include <stdio.h>
func(int a,int b);
main()
{
 int k =4,m =1,p;
 p =func(k,m);printf("%d,",p);
 p =func(k,m);printf("%d\n",p);
}
func(int a,int b)
{
 static int m =0,i =2;
```

```
 i += m + 1;
 m = i + a + b;
 return(m);
}
```

4. 以下程序的运行结果是（　　）。

```
#include <stdio.h>
void fun()
{ static int a =0;
a +=2;
printf("%d",a);
}
main()
{ int cc;
for(cc =1;cc <4;cc ++)fun();
printf("\n");
}
```

5. 以下程序的运行结果是（　　）。

```
#include <stdio.h>
increment();
main()
{
   increment();
   increment();
   increment();
}
increment()
{
   int x =0;
   x +=1;
   printf("%d",x);
}
```

6. 以下程序执行后输出的结果是（　　）。

```
#include <stdio.h>
f(int a)
{ int b =0;
static c =3;
a = c ++,b ++;
```

```
return(a);
}
main()
{ int a=2,i,k;
for(i=0;i<2;i++)
k=f(a++);
printf("%d\n",k);
}
```

7. 以下程序执行后输出的结果是（　　）。

```
long fib(int n)
{
if(n>2)
  return(fib(n-1)+fib(n-2));
else
  return(2);
}
main()
{ printf("%d\n",fib(3));}
```

8. 以下程序执行后输出的结果是（　　）。

```
#include <stdio.h>
long sum(register int x,int n)
{ long s;
int i;
register int t;
t=s=x;
for(i=2;i<=n;i++)
{ t*=x;
s+=t;}
return(s);
}
main()
{ int x=2,n=3;
printf("s=%ld\n",sum(x,n));
}
```

9. 下面程序的运行结果是（　　）。

```
#include <stdio.h>
int fx(int x,int y)
```

```
{ int s;
s=(x++)+(++y);
return s;
}
main()
{ int a,b,k;
a=5;b=6;
k=fx(a,b);
printf("%d  %d  %d\n",a,b,k);
}
```

10. 下面程序的运行结果是（　　）。

```
#include <stdio.h>
#define  SR(x)  x*x
main()
{
 int a,m=5,n=2;
 a=SR(m-n)/SR(m+n);
 printf("%d\n",a);
}
```

11. 下面程序的运行结果是（　　）。

```
#include <stdio.h>
#include <string.h>
main()
{ int k=0;
char  s1[10]="abc",s2[10]="xyz";
strcat(s1,s2);
while(s1[k++]!='\0')
  s2[k]=s1[k];
  puts(s2);
}
```

12. 下面程序经宏展开后，程序运行结果是（　　）。

```
#include <stdio.h>
#define PR printf("sum=%d\n",sum)
#define ADD sum+=i
main()
{ int i,sum=0;
for(i=10;i<20;i++)
```

```
        ADD;
        PR;
}
```

四、程序设计题

1. 定义一个无返回值函数 sum()，它有两个整型形参，求两形参之和并输出。编写 main()函数，验证其正确性。

2. 编写一个求前 n 个自然数二次方和的函数 squ()，n 由主调函数传递过来，用函数 main()加以验证。

3. 编写一个函数 sabc()，根据给定的三角形三条边长 a、b、c，返回三角形的面积。

4. 请用自定义函数的形式编程实现求 10 名学生 1 门课程成绩的平均分。

5. 请编写两个自定义函数，分别实现求两个整数的最大公约数和最小公倍数，并用主函数调用这两个函数，输出结果（两个整数由键盘输入）。

6. 请用自定义函数的形式编程实现，求 s = m! + n! + k!，其中 m、n、k 从键盘输入（值均小于7）。

7. 编写一个函数，判断某一个四位数是不是玫瑰花数。所谓玫瑰花数即该四位数各位数字的四次方和恰好等于该数本身，如 $1634 = 1^4 + 6^4 + 3^4 + 4^4$。在主函数中从键盘任意输入一个四位数，调用该函数，判断该数是否为玫瑰花数，若是则输出“是”，否则输出“否”。

8. 编写一个函数，其功能是检验一个输入的四位数是否为闰年，如果是闰年则返回 1，否则返回 0。在主函数中从键盘输入一个四位数，调用该函数进行判断，如果是闰年则输出“yes”，否则输出“no”。提示：如果该四位数能被 4 整除但不能被 100 整除，或该四位数能被 400 整除，则是闰年。

9. 设数组 a 有 50 个元素，函数 fun1() 的功能是按顺序分别给数组 a 中的元素赋以从 2 开始的偶数值，函数 fun2() 则按顺序每五个元素求一个平均值，并将求得的值放在数组 s 中，用 C 程序实现。

单元 6

指　针

【教学目的】

通过本单元的学习，要求能理解指针、地址、指针类型等概念；能熟练掌握指向变量、数组及字符串的指针变量的定义和使用；掌握通过指针变量高效访问普通变量、数组与字符串的方法。

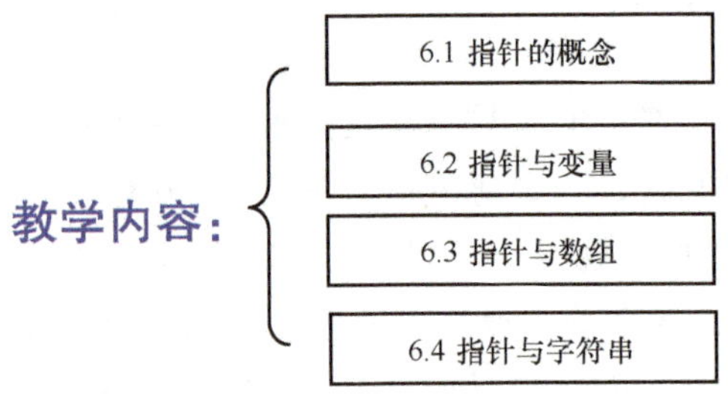

【重点难点】

重点：

① 指针的基本概念与运算；

② 指针变量的定义和使用；

③ 指针与字符串。

难点：

① 指针与数组；

② 指针变量的使用。

任务　对全班成绩进行排序

【任务描述】

对全班成绩进行排序，得到班级最高分及其获得最高分同学的学号，要求用指针来实现。

【关键知识点】

① 指针变量的定义和使用；

② 指针与字符串。

【相关知识】

指针是C语言的一个重要概念，在C语言中处于重要的地位。正确、灵活地应用指针不但可以有效地表示复杂的数据结构，还能动态分配内存、使用数组和字符串。熟练地应用指针可以使C语言程序简洁、紧凑、应用效果更好。但是，由于指针概念较复杂，使用较灵活，初学者常常感到较难理解，因此，学习时必须从指针的概念入手，正确理解指针及指针在数组和函数方面的应用。

6.1 指针的概念

在计算机中，内存由一系列连续的存储单元组成，每个单元占一个字节，每个字节都有唯一的编号，这个编号就是该字节在内存中的地址。一般地，计算机的内存地址是从0开始编号的，一直到最后一个字节。例如，某台计算机的内存为64KB，则它的内存地址为0~65535，第一个字节的地址是0，第二个字节地址是1，……，最后一个字节地址是65535。

计算机中所有的数据都是存放在存储器中的，一般把存储器中的一个字节称为一个内存单元，不同数据类型在不同的编译系统中所占内存单元数也不相等，例如，对于Win-TC 2.0整型变量占2个字节，单精度实型变量占4个字节，字符型变量占1个字节；对于Visual C++6.0，整型变量占4个字节，实型变量占4个字节，字符型变量占1个字节。我们在定义一个变量时，实际上就是在编译连接时由编译系统给这个变量分配对应的内存地址。从变量中取值，实际上就是通过变量名找到相应的内存地址，再从该存储单元中读取数据。在C语言程序中定义一个变量，根据变量类型的不同，会为其分配一定字节数的存储单元，所分配存储单元的首地址即为该变量的地址。

【例6-1】 变量的地址。

```
#include "stdio.h"
main()
{
  int x;
  float y;
  char z;
  x=10;
  y=1.23456;
  z='a';
  printf("the address of x=%u\n",&x);
  printf("the address of y=%u\n",&y);
  printf("the address of z=%u\n",&z);
  printf("the value of x=%d\n",x);
  printf("the value of y=%f\n",y);
```

```
    printf("the value of z=%c\n",z);
}
```

在 Win-TC 2.0 下运行该程序，系统给整型变量 x 分配 2 个字节的存储空间，给实型变量 y 分配 4 个字节，给字符型变量 z 分配 1 个字节。图 6-1a 是程序运行结果，图 6-1b 是内存分配地址。

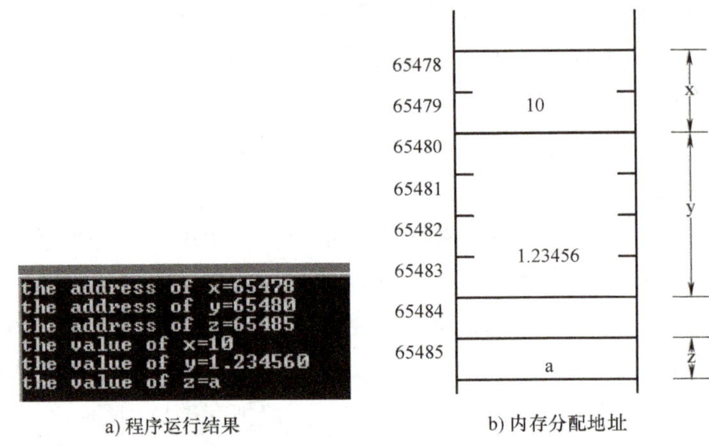

a) 程序运行结果　　b) 内存分配地址

图 6-1　程序运行结果及内存分配地址

从图 6-1 中看出，分配给变量 x 的存储区地址是 65478 和 65479 两个字节，在这两个字节处存放 x 的内容：整数 10。在 C 语言中，将地址 65478 视为变量 x 的地址。如果知道变量 x 的地址 65478，那么就应该到 65478 单元处，从它开始往下的两个字节里去访问（存或取）数据。一般地，根据内存单元的地址（编号）就可以找到所需要的内存单元，这个地址也称为指针，即地址就是指针。内存单元的指针和内存单元的内容是有区别的，比如学生宿舍楼，我们把一间间宿舍看成内存单元，那么宿舍的房间号可以看成内存单元的指针（地址），宿舍内住的学生就可以看成是内存单元的内容。对于一个内存单元来说，单元的地址就是指针，其中存放的数据才是该单元的内容。

虽然 65478、65480、65485 都是地址，但从这些地址开始应该往下多少字节才能得到所需要的完整数据，这取决于变量的类型。由于 65478 与 x 对应，x 是整型变量，所以从 65478 往下的两个字节里取数据；65480 与 y 对应，y 是 float 型的，所以应该从 65480 往下的 4 个字节里取数据；65485 与变量 z 对应，z 是 char 型的，所以应该从 65485 往下的 1 个字节里取数据。可见，在C 语言中一个变量的地址，还必须隐含有这个变量的类型信息，不能笼统地只把它视为一个地址。

一个变量的地址（指针）是一个值（它是一个无符号的数值），可以把这个值存放到某个变量里保存，这种用来存放地址的变量，就称为指针变量。指针是一种特殊的变量，其本质上就是变量，只不过存放的是某个变量的地址。

由于变量的地址（指针）还隐含有这个变量的类型信息，所以不能随意把一个地址存放到任何一个指针变量中去，只能把具有相同类型变量的地址，存放到这个指针变量里去。即指针变量也应有自己的类型，它与存放在里面的地址所隐含的类型应一致。

一般情况下，我们是通过变量名来访问存储单元的，也就是说从变量名找到这个变量对应的地址，就可以对这个地址里的内容进行访问了。在图6-2a中，当程序中遇到变量y时，就由y得到它的地址65480，由地址65480就可以取出它里面的内容或往它里面存放新数据了。这种由变量名得到其地址，从这个地址直接完成对存储单元访问的方法，称为对内存的直接访问。

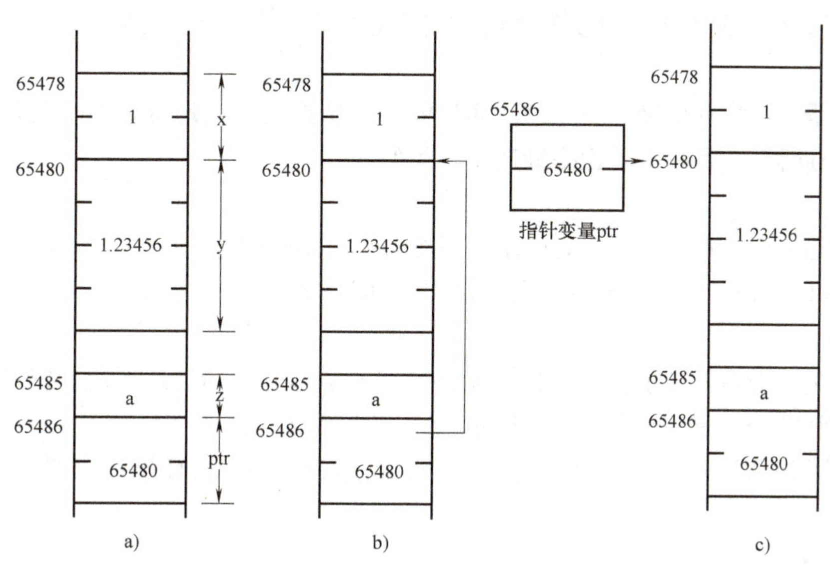

图6-2 直接访问与间接访问

若把变量y的地址放在变量ptr里，那么ptr就是一个指针变量，如图6-2b所示。这时，可通过变量ptr取到变量y的内容1.23456。但访问过程应改为：先从指针变量ptr得到它本身地址65486，再从地址65486中取出里面的内容65480（注意它是变量y的地址，而不是y的内容），然后根据这个地址的指引（如图中所画的箭头），到65480里取到y的值1.23456。即通过一个地址（65486）得到另一个地址（65480），再由这个地址去访问所需的存储单元，这种对存储单元的访问方法，称为对内存的间接访问。图6-2b、c要表达的意思是一样的，只是为了看得更加清楚，就把指针变量ptr提出来画到了外面，用箭头指向65480，以表明它的内容65480是一个指针，指向了变量y。

由上面的分析知道，通过变量可以对该变量的存储单元进行直接访问；通过指针变量，可以对存放在它里面的地址所对应的变量的存储单元进行间接访问。

6.2 指针与变量

6.2.1 指针变量的定义

由于指针变量也是一个变量，所以具有和普通变量一样的属性，在使用之前也应该先定义，定义的同时也可以进行初始化。

指针变量定义的一般形式为

存储类型　数据类型 * 变量名;

其中存储类型、数据类型、变量名都遵从一般变量说明中的规定。在指针定义中，应该注意以下三点：

①"变量名"前的"＊"是一个符号，只起到标识的作用，表示变量名给出的是一个指针变量，比如：

int ＊ptr;

表示变量名 ptr 是一个指针变量。

②"数据类型"是表示指针变量里所存放的变量地址的类型，比如：

int ＊p1;

表示 p1 是一个指针变量，在它的里面只能存放整型变量的地址，而不能是别的类型的变量地址，因此称 p1 是一个整型指针变量。类似地：

char ＊p2;

表示 p2 是一个指针变量，在它的里面只能存放字符型变量的地址，而不能是别的类型的变量地址，因此称 p2 是一个字符型指针变量。同样地：

float ＊p3;

表示 p3 是一个指针变量，在它的里面只能存放实型变量的地址，而不能是别的类型的变量地址，因此称 p3 是一个实型指针变量。

③ 一个语句里可说明相同类型的指针变量，其前都必须有指针变量的标识"＊"，比如：

float ＊p, ＊q;

这个语句里，说明了两个指针变量 p 和 q，在它们的里面都只能存放实型变量的地址。还可以这样说明语句：

int ＊p1, ＊q2,x,y;

这表示 p1 和 q2 都是整型指针变量，x 和 y 是一般的整型变量。

指针变量完整的说明格式是：

存储类型 数据类型＊变量名 = 地址;

比如，有变量说明语句：

int x, ＊p = &x;

说明了一个整型变量 x 和一个整型指针变量 p，并将 x 的地址赋给了指针变量 p。于是，就有 p 是一个指向变量 x 的指针变量，即 p 指向变量 x，或 p 是 x 的指针。

【例 6-2】 在程序中有如下的变量说明：

int x = 32, ＊p = &x;

编写一个程序，验证指针变量 p 里存放的确实是变量 x 的地址。

```
#include "stdio. h"
main()
{
   int x = 32, * p = &x;
   printf("The address of x = %u\n",&x);
   printf("The value of x = %d\n",x);
```

```
    printf("The address of p=%u\n",&p);
    printf("The value of p=%u\n",p);
}
```

分析：变量x的地址由“&x”得到，指针变量p里面是否是变量x的地址，就要看p里的内容是什么。因此，输出变量x的地址，输出变量p里的内容，两者相比较就可以得出结论。运行结果及内存分配示意如图6-3所示。

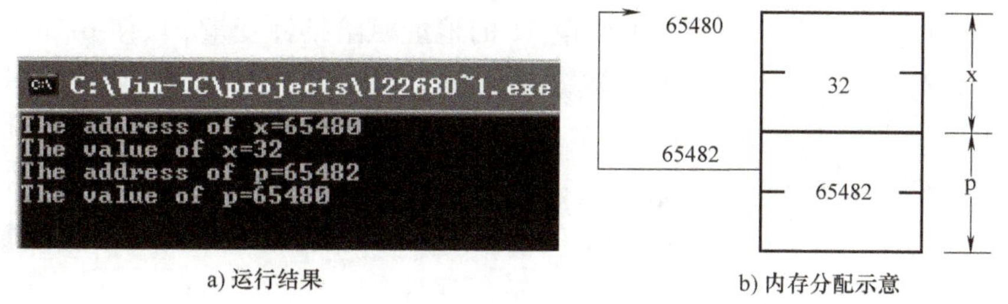

a) 运行结果　　b) 内存分配示意

图6-3 运行结果及内存分配示意

6.2.2 指针运算符

在C语言中，提供两种指针运算符。

1. 取地址运算符“&”

取地址运算符“&”是单目运算符，其结合性为自右向左，该运算符是用来求运算对象地址的，利用它可以把一个变量的地址赋给指针变量。有如下定义和赋值：

```
int a,b,c[10],*p;
p=&a;
p=&c[2];
```

那么，&a是指得到变量a的地址；&b是指得到变量b的地址；&c[2]是指得到数组元素c[2]的地址。语句“p=&a;”就表示把变量a的地址赋给指针p，即指针p里存的是a的地址，于是p与&a完全等价：p就是&a，&a就是p。由于c[2]是int型的，把它的地址赋给p，即

```
p=&c[2];
```

于是p就又改变了指向，与&c[2]等价了。

由于数组名c是地址常量不是变量，所以“&”不可以作用在c上，即“&c”写法是错误的。为了使p指向数组c，可以写成：

```
p=c;
```

2. 指针运算符“*”

“*”是一个单目运算符，又称为取内容运算符，其结合性为自右向左，用来表示指针变量所指的变量。“*”后面跟的必须是一个指针变量，它的使用格式为

*指针变量名;

运算结果是访问该指针变量（或地址）所指的变量，即实现了对所指变量的间接

访问。

【例 6-3】 通过指针变量访问变量。

```
#include "stdio.h"
main()
{
    int a1,a2,*p1,*p2;    /*定义了两个指针变量 p1 和 p2,但它们并未指向变量*/
    a1=5;a2=15;
    p1=&a1;               /*把变量 a1 的地址赋给指针变量 p1,使 p1 指向 a1*/
    p2=&a2;               /*把变量 a2 的地址赋给指针变量 p2,使 p2 指向 a2*/
    printf("%d,%d\n",a1,a2);
    printf("%d,%d\n",*p1,*p2);
                          /*输出*p1 和*p2,即指针变量 p1、p2 所指变量*/
}
```

程序运行结果如图 6-4 所示。

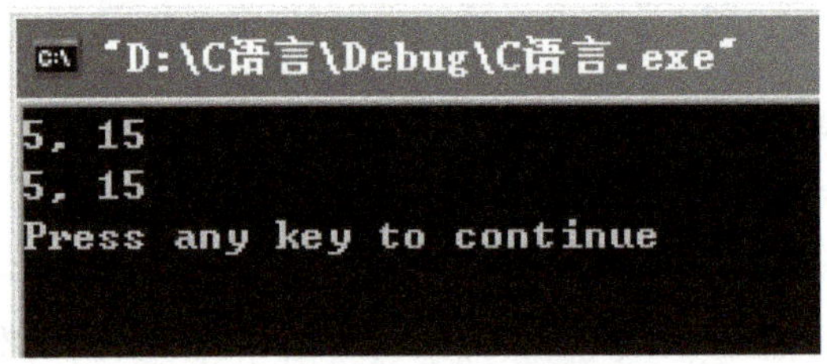

图 6-4 【例 6-3】运行结果

在程序中两次出现 *p1 和 *p2，但它们的意义是不同的。第 4 行出现的 *p1 和 *p2 表示定义了两个指针变量，它们前面的“*”是指针标识符，表示 p1 和 p2 是两个指针变量。而倒数第 3 行出现的“*”则是一个指针运算符，此处的 *p1 和 *p2 表示的是 p1 和 p2 所指向的变量，即 a1 和 a2。

【例 6-4】 输入两个整数，按大小顺序输出。

```
#include "stdio.h"
main()
{
    int a,b,*p1,*p2,*p;
    printf("请输入两个整数:\n");
    scanf("%d%d",&a,&b);
    p1=&a;p2=&b;
    if(a<b)
      {
      p=p1;
      p1=p2;
```

```
        p2 = p;
        }
    printf("a = %d,b = %d\n",a,b);
    printf("max = %d,min = %d\n", * p1, * p2);
}
```

程序运行结果如图6-5所示。

```
"D:\C语言\Debug\C语言.exe"
请输入两个整数:
15
25
a=15,b=25
max=25, min=15
Press any key to continue
```

图6-5 【例6-4】运行结果

6.3 指针与数组

对于数组，数组名是分配给它的存储区的首地址，每个元素也有自己的地址。所以，可用一个指针变量指向数组，称为指向数组的指针变量，简称指向数组的指针。也可用一个指针变量指向数组的某一个元素，称为指向数组元素的指针变量，简称指向数组元素的指针。

一个数组是由连续的一块内存单元组成的，数组名代表这块连续内存单元的首地址。一个数组是由各个数组元素（下标变量）组成的，每个数组元素按其类型不同占有几个连续的内存单元。一个数组元素的首地址也是指它所占有的几个内存单元的首地址。一个指针变量既可以指向一个数组，也可以指向一个数组元素，可把数组名或第一个元素的地址赋予它。如果要使指针变量指向第i个元素，也可以把第i个元素的地址赋予它或先把数组名加i再赋予它。

6.3.1 指向一维数组的指针表示方法

设有整型数组a，指向a的指针变量为p1，从图6-6中可以看出如下关系：

p1、a、&a[0]均指向同一单元，它们是数组a的首地址，也是0号元素a[0]的首地址；p1+1、a+1、&a[1]均指向1号元素a[1]；类推可知p1+i、a+i、&a[i]指向i号元素a[i]。需要说明的是p1是变量，而a、&a[i]都是常量，可以使用p1++，但是a++是错误的。

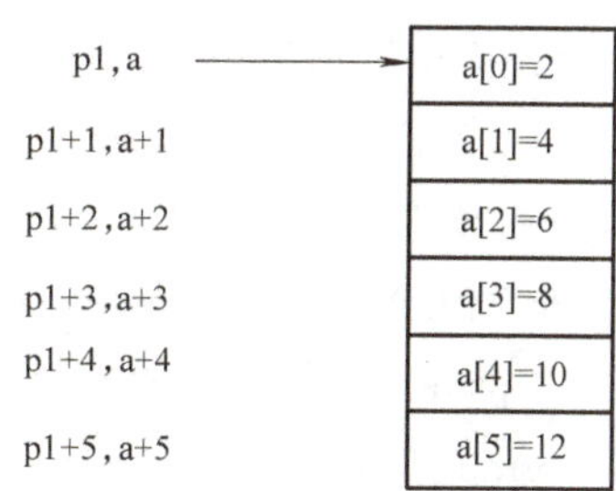

图6-6 一维数组的指针

数组指针变量说明的一般形式为

类型说明符 ＊指针变量名;

其中类型说明符表示所指数组的类型，从一般形式可以看出指向数组的指针变量和指向普通变量的指针变量的说明是相同的。例如：

```
int a[10] = {1,3,5,7,9,11,13,15,17,19};
int * p;
p = &a[2];  /* 把数组元素 a[2]的地址赋给指针变量 p */
p = a;      /* 把数组的首地址赋给指针变量 p */
p = &a[0];  /* 把 a[0]元素的地址赋给指针变量 p,即 p 指向 a 数组的第一个元素 */
```

C 语言规定数组名代表数组首地址，是一个地址常量。因此，下面两个语句等价：

```
p = &a[0];
p = a;
```

在定义指针变量的同时可赋初值：

```
int a[10], * p = &a[0];  (或 int * p = a;)
```

等价于下面两句：

```
int * p;
p = &a[0];
```

引入指针变量后，就可以用两种方法来访问数组元素了。

第一种方法为下标法，即以 a[i]形式访问数组元素，该方法在前面的内容中已经介绍过。第二种方法为指针法，即采用 * (p + i)或 * (a + i)的形式，用间接访问的方法来访问数组元素，其中 a 是数组名，p 是指向数组的指针变量，其初值为 p = a。

1）p + i 和 a + i 就是 a[i]的地址，或者说它们指向 a 数组的第 i 个元素。

2） * (p + i)或 * (a + i)是 p + i 或 a + i 所指向的数组元素，即 a[i]。

3）指向数组的指针变量也可以带下标，如 p[i]与 * (p + i)、a[i]等价。

【例 6-5】 分别用下标法、指针法访问一维数组元素。

```
#include "stdio.h"
main()
{
 int i, * p,a[5] = {2,4,6,8,10};              /* 定义一个整型数组并初始化 */
 for(i =0;i <5;i ++)                          /* 循环语句 */
 printf("a[%d] =%d\t",i,a[i]);                /* 用下标法访问一维数组元素 */
printf("\n");                                 /* 换行 */
for(i =0;i <5;i ++)
  printf("a[%d] =%d\t",i, * (a+i));           /* 用指针法访问一维数组元素 */
printf("\n");
for(i =0,p = a;p < a +5;p ++)
  printf("a[%d] =%d\t",i ++, * p);            /* 用指针法访问一维数组元素 */
printf("\n");
}
```

程序经过编译、连接、运行后，得到结果如图 6-7 所示。

```
a[0]=2  a[1]=4  a[2]=6  a[3]=8  a[4]=10
a[0]=2  a[1]=4  a[2]=6  a[3]=8  a[4]=10
a[0]=2  a[1]=4  a[2]=6  a[3]=8  a[4]=10
Press any key to continue
```

图 6-7 【例 6-5】运行结果

使用指针变量时，应注意：

① 指针变量可使本身的值改变，p++合法，但 a++不合法（a 是数组名，代表数组首地址，在程序运行中是固定不变的）。

② *p++相当于*(p++)，因为*与++优先级相同，且结合方向从右向左，其作用是先获得 p 指向的元素值（即*p），然后执行"p=p+1;"。

③ *(p++)与*(++p)意义不同，前者是先取*p 的值，后执行 p=p+1；后者是先执行 p=p+1，再取*p 的值。若 p=a，则*(p++)的含义就是先取 a[0]的值，再让 p 指向 a[1]，而*(++p)则是先使 p 指向 a[1]，再取 a[1]的值。

④ (*p)++表示将 p 指向的元素值增加 1。

⑤ 如果 p 当前指向 a 数组第 i 个元素，则：

(p--)相当于 a[i--]，先对 p 进行""运算，再使其自减 1。

(++p)相当于 a[++i]，先使 p 自加 1，再作""运算。

(--p)相当于 a[i--]，先使 p 自减 1，再作""运算。

将++和--运算符用于指针变量十分有效，可以使指针变量自动向后或向前移动，指向下一个或上一个元素。

【例 6-6】 阅读程序，写出程序的运行结果。

```
#include "stdio.h"
main()
{
 int *p1,*p2,a[5]={1,3,5,7,9};
 for(p1=a;p1<=a+4;p1++)
     printf("%d\t",*p1++);
 printf("\n");
 for(p2=a;p2<=a+4;p2++)
     printf("%d\t",++(*p2));
 printf("\n");
}
```

程序的运行结果为

```
1   5   9
2   4   6   8   10
```

6.3.2 指向二维数组的指针表示方法

二维数组名代表分配给该数组存储区的首地址，二维数组的每一个元素都是变量。因此，既可以用指针变量指向一个二维数组，也可以用指针变量指向二维数组的某个元素。

为了说明问题，定义以下二维数组：

int b[3][4] = {{1,2,3,4},{5,6,7,8},{9,10,11,12}};

b 为二维数组名，此数组有 3 行 4 列，共 12 个元素。但也可这样来理解，数组 b 由三个元素组成：b[0]、b[1]、b[2]，而它们每个元素又是一个一维数组，且都含有 4 个元素（相当于 4 列），例如，b[0]所代表的一维数组所包含的 4 个元素为 b[0][0]、b[0][1]、b[0][2]、b[0][3]，如图 6-8 所示。由于可以把数组 b 看成由三个元素组成的一维数组，这三个元素的地址可以表示成 b、b+1 和 b+2，如图 6-9 所示。数组 b 的每个元素又是一个有 4 个元素的一维数组，如果 b 的地址值为 65480，则 b+1 和 b+2 的地址值分别为 65488 和 65496，这里假设一个整型变量占用 2 个存储单元（在 Win-TC 2.0 编译条件下）。

既然把 b[0]、b[1]、b[2]看成是一维数组名，可以认为它们分别代表其所对应的数组的首地址，也就是说，b[0]代表第 0 行中第 0 列元素的地址，即 &b[0][0]，b[1]是第 1 行中第 0 列元素的地址，即 &b[1][0]，根据地址运算规则，b[0]+1 即代表第 0 行第 1 列元素的地址，即 &b[0][1]，一般而言，b[i]+j 即代表第 i 行第 j 列元素的地址，即 &b[i][j]。

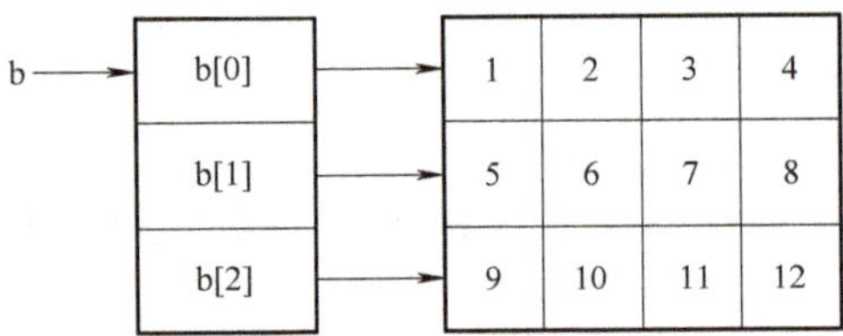

图 6-8　数组 b 包含的一维数组的 4 个元素

地址	指针				
(65480)	b	1	2	3	4
(65488)	b+1	5	6	7	8
(65496)	b+2	9	10	11	12

图 6-9　数组 b 的 3 个一维数组元素

另外，在二维数组中，还可用指针的形式来表示各元素的地址。如前所述，b[0]与 *(b+0)等价，b[1]与 *(b+1)等价，因此 b[i]+j 就与 *(b+i)+j 等价，它表示数组元素 b[i][j] 的地址。因此，二维数组元素 b[i][j] 可表示成 *(b[i]+j) 或 *(*(b+i)+j)，它们都与 b[i][j]等价，或者还可写成(*(b+i))[j]。

【例 6-7】 利用指针访问二维数组元素。

```
#include "stdio.h"
main()
{
  int a[3][3],i,j,*p,n;
  p=&a[0][0];
  for(i=0;i<3;i++)
    for(j=0;j<3;j++)
      *(p+i*3+j)=i*3+j;
```

```
    n = 0;
    for(p = &a[2][2];p >= &a[0][0];--p)
    {
      printf("%4d", *p);
      if( ++n%3 ==0)
        printf("\n");
    }
}
```

p 是 int 型指针变量，初始时指向元素 a[0][0]，故 p + i * 3 + j 是数组第 i 行第 j 列元素 a[i][j]的地址，而 * (p + i * 3 + j)则等价于 a[i][j]。

开始处的双重 for 循环是为二维数组 a 的诸元素赋初值，在接着的 for 循环中，先让 p 指向二维数组的最后一个元素 a[2][2]，输出 p 所指元素的值后，由“ --p”使其反方向移动，指向前一个元素，再输出，该循环由条件“p >= &a[0][0]”加以控制。程序运行结果如图 6-10 所示。

图 6-10 【例 6-7】运行结果

6.4 指针与字符串

指针是一个变量，它能够被赋值。把一个地址赋给它时，指针的指向也就随之改变。因此，可用字符型指针变量来处理字符串。让字符型指针变量指向字符串常量的方法有以下两种：

1）在指针变量初始化时让字符型指针变量指向字符串常量，格式为

char * 指针变量名 = 字符串常量;

2）在程序中，直接将字符串常量赋给一个字符型指针变量，格式为

char * 指针变量名;

指针变量名 = 字符串常量;

注意：无论用哪种方法，都只是把字符串常量在内存的地址赋给指针，而不是把这个字符串赋给了指针，如“char c, * p = &c;”表示 p 是一个指向字符变量 c 的指针变量，而“char * s = "C Language";”则表示 s 是一个指向字符串的指针变量，把字符串的首地址赋予 s。还可以通过指针变量之间的赋值使指针指向字符串，例如：

```
char * ps1, * ps2 = "Hello!";
ps1 = ps2;
```

该程序段使 ps1 也指向了 ps2 所指向的字符串。此外，还可以将字符数组名赋给字符型指针变量而使其指向字符串，例如：

```
char * ps1,s[ ] = "Hello!";
ps1 = s;
```

【例 6-8】 程序中的两个 puts( )函数分别输出什么?

```
#include "stdio.h"
main()
{
char * ptr = "ZhuHai is a beautiful city!";
puts(ptr);
ptr = "It is very good!";
puts(ptr);
}
```

程序先对指针变量 ptr 进行初始化，因此，第 1 个 puts( )函数输出的是字符串“ZhuHai is a beautiful city!”。随后把字符串“It is very good!”赋给 ptr，改变了它的指向，于是，第 2 个 puts( )函数输出的是当前指向的“It is very good!”。

【例 6-9】 使用指向字符串的指针变量访问并输出字符串的一部分。

```
#include "stdio.h"
void main()
 {
     char * ps = "this is a book";
     int n = 10;
     ps = ps + n;
     printf("%s\n",ps);
 }
```

该程序运行结果为

book

说明：在程序中对 ps 初始化时，即把字符串首地址赋予 ps，当 ps = ps + 10 之后，ps 指向字符“b”，因此输出为“book”。

【例 6-10】 把一个字符串的内容复制到另一个字符串中。

```
#include "stdio.h"
void cpystr(char * pss,char * pds)
{
while(( * pds = * pss)! ='\0')
{
pds ++;
pss ++;
}
}
void main()
{
```

```
char * pa = "CHINA",b[10], * pb;
pb = b;
cpystr(pa,pb);
printf("string a = %s\nstring b = %s\n",pa,pb);
}
```

在例6-10中，程序完成了两项工作：一是把pss指向的源字符复制到pds所指向的目标字符中，二是判断所复制的字符是否为'\0'，如果是，则表明源字符串结束，不再循环。否则，pds和pss都加1，指向下一字符。在主函数中，以指针变量pa、pb为实参，分别取得确定值后调用cpystr()函数。由于采用的指针变量pa和pss、pb和pds均指向同一字符串，因此在主函数和cpystr函数中均可使用这些字符串。可以把cpystr()函数简化为以下形式：

```
cpystr(char * pss,char * pds)
{while(( * pds ++= * pss ++)! ='\0');}
```

即把指针的移动和赋值合并在一个语句中。进一步分析还可发现'\0'的ASCⅡ码为0，对于while语句只看表达式的值为非0就循环，为0则结束循环，因此也可省去“! ='\ 0'”这一判断部分，而写为以下形式：

```
cpystr(char * pss,char * pds)
{while( * pds ++= * pss ++);}
```

表达式的意义可解释为，源字符向目标字符赋值，移动指针，若所赋值为非0则循环，否则结束循环，这样使程序更加简洁。简化后的程序如下：

```
void cpystr(char * pss,char * pds)
{
while( * pds ++= * pss ++);
}
void main()
{
char * pa = "CHINA",b[10], * pb;
pb = b;
cpystr(pa,pb);
printf("string a = %s\nstring b = %s\n",pa,pb);
}
```

【任务实施】

要完成此任务，必须要熟练掌握指针的使用。

解题思路：

① 定义一个指针变量 * p和一个数组变量a[ ]，并使该指针指向数组a的首地址，给xuehao这个表示学号的变量赋初值1；

② 利用for语句输入该班人数和班级成绩，并把成绩放入数组a；

③ 先拿指针的初始值与数组第二个元素比较，如果第二个元素值较大，则改变指针方向，使其指向数组第二个元素，同时使学号变量加 1，依次类推，直到和数组最后一个元素进行比较，从而得出最高分及该生学号；

④ 输出最高分及其学号。

```
#include "stdio.h"
#define MAX 100                              /*定义数组长度*/
main()
{
   int i;
   int *p;                                   /*定义指针变量*p*/
   int xuehao;
   int renshu;                               /*定义变量 renshu 表示班级人数*/
   int a[MAX];                               /*定义数组 a,用来存放班级成绩*/
   p=a;                                      /*指针 p 指向数组 a 的首地址*/
   xuehao=1;                                 /*学号初值为 1*/
   printf("请输入班级人数:");
   scanf("%d",&renshu);                      /*输入班级人数*/
   printf("请输入班级学生成绩:");
   for(i=0;i<renshu;i++)                     /*利用 for 语句输入班级成绩*/
        scanf("%d",&a[i]);
   for(i=1;i<renshu;i++)                     /*此 for 语句求出班级最高分*/
        if(*p<a[i])
        {
        p=a+i;
        xuehao=i+1;
        }
   printf("该班级学生成绩最高分为%d分\t学号是%d号\n",*p,xuehao);
}
```

程序运行结果如图 6-11 所示。

```
请输入班级人数: 10
请输入班级学生成绩: 68 96 54 60 59 98 84 79 75 60
该班级学生成绩最高分为98分        学号是6号
```

图 6-11 程序运行结果

【练一练】 已知一个整型数组 a 如下：

int a[]={12,5,8,19,22,-4,66,-17,28,13};

编写一个程序，功能是找出该数组中的最小元素和最大元素，将最小元素与数组首元素交换，最大元素与数组尾元素交换。输出数组元素原先的取值和程序运行后的取值。

参考程序编写如下：

```
#include "stdio.h"
main()
{
 int j,a[] = {12,5,8,19,22,-4,66,-17,28,13};
 int *pmax, *pmin, *p;
 printf("The old order of element:\n");
 for(j=0;j<10;j++)
   printf("%d",a[j]);
 pmax = pmin = a;
 for(p=a+1;p<a+10;p++)                /*寻找最小元素和最大元素*/
   if(*p > *pmax)
     pmax = p;
   else if(*p < *pmin)
     pmin = p;
 *p = a[0];  a[0] = *pmin;  *pmin = *p;  /*最小元素与数组首元素交换*/
 *p = a[9];  a[9] = *pmax;  *pmax = *p;  /*最大元素与数组尾元素交换*/
 printf("\nThe new order of element:\n");
   for(j=0;j<10;j++)
     printf("%d  ",a[j]);
}
```

【练一练】 运行如图6-12所示。

```
The old order of element :
12  5  8  19  22  -4  66  -17  28  13
The new order of element :
-17  5  8  19  22  -4  13  12  28  66
```

图6-12 【练一练】运行结果

小　　结

指针是C语言的重要组成部分，使用指针可以提高程序的编译效率和执行速度；可使主调函数和被调函数之间共享变量或数据结构，便于实现双向数据通信；可以实现动态的存储分配；便于表示各种数据结构，编写高质量的程序。

指针的运算符主要有两种，分别是取地址运算符 &（求变量的地址）和取内容运算符 *（表示指针所指的变量）。

另外，指针还可以参与赋值运算、加减运算、关系运算。参与赋值运算时，可以进行下面的操作：

1）把变量地址赋予指针变量；

2）同类型指针变量相互赋值；

3）把数组、字符串的首地址赋予指针变量。

进行加减运算时，字符串的指针变量可以进行加减运算，如 p++、p-- 等。

参与关系运算时，指向同一数组的两个指针变量之间可以进行大于、小于、等于比较运算。指针可与 0 比较，p==0 表示 p 为空指针。

习题 6

一、选择题

1. 变量的指针，其含义是指该变量的（　　）。

A. 值　　B. 地址　　C. 名　　D. 一个标志

2. 数组名与指向它的指针变量的关系是（　　）。

A. 可以通过数组名访问指针变量

B. 可以通过指针变量访问数组名

C. 可以通过指针变量访问数组中的元素

D. 可以通过数组元素访问指针变量

3. 若有说明语句“int b[10],*q;”，那么对语句“q=b;”的不正确叙述是（　　）。

A. 使 q 指向数组 b　　B. 把元素 b[0] 的地址赋给 q

C. 使 q 指向元素 b[0]　　D. 把数组 b 的各元素的地址赋给 q

4. 以下关于字符串与指针的描述，正确的是（　　）。

A. 字符串中的每个字符都是指针

B. 可以用一个 char*型指针指向字符串

C. 字符串与指针等价

D. 只有以“\0”结尾的字符串，才能用一个 char*型指针指向其开头

5. 若有以下定义，则对 a 数组元素地址的正确引用是（　　）。

int a[5],*p=a;

A. *&a[5]　　B. a+2　　C. *(p+5)　　D. *(a+2)

6. 若有以下定义，则 p+5 表示（　　）。

int a[10],*p=a;

A. 元素 a[5] 的地址　　B. 元素 a[5] 的值

C. 元素 a[6] 的地址　　D. 元素 a[6] 的值

7. 若有说明语句“int k,a[5],*p;”，则下列语句中，（　　）是不合法的。

A. p=&k;　　B. p=&++k;　　C. p=a+3;　　D. p=&a;

8. 若有说明语句“int a[5],*p=a;”，则对数组元素的正确引用是（　　）。

A. a[p]　　B. p[a]　　C. *(p+2)　　D. p+2

9. 若有语句“int a[10];”，则（　　）是对指针变量 p 的正确定义和初始化。

A. int p = * a;　　B. int * p = a;　　C. int p = &a;　　D. int * p = &a;

10. 若有说明语句“int n = 2, * p = &n, * q = p;”，则以下非法的赋值语句是（　　）。

A. p = q;　　B. * p = * q;　　C. n = * q;　　D. p = n;

11. 下列不正确的定义是（　　）。

A. int * p = * i, i;　　B. int * p, i;　　C. int i, * p = * i;　　D. int i, * p;

12. 若有定义和语句：

```
int * * pp, * p,a = 10,b = 20;
pp = &p;   p = &a;   p = &b;
printf("%d,%d\n", * p, * * pp);
```

则输出结果是（　　）。

A. 10，20　　B. 10，10　　C. 20，10　　D. 20，20

13. 以下程序中调用 scanf( ) 函数给变量 a 输入数值的方法是错误的，错误原因是(　　)。

```
main()
{
int * p, * q,a,b;
p = &a;
printf("input a:");
scanf("%d", * p);
…
}
```

A. * p 表示的是指针变量 p 的地址

B. * p 表示的是变量 a 的值，而不是变量 a 的地址

C. * p 表示的是指针变量 p 的值

D. * p 只能用来说明 p 是一个指针变量

14. 以下程序错误的原因是（　　）。

```
main()
{
int * p,i;
char * q,ch;
p = &i;
q = &ch;
* p = 40;
* p = * q;
…
}
```

A. p 和 q 的类型不一致，不能执行“ *p = *q;”语句

B. *p 中存放的是地址值，因此不能执行“ *p =40;”语句

C. q 指向具体的存储单元，所以 *q 没有实际意义

D. q 虽然指向了具体的存储单元，但该单元中没有确定的值，所以不能执行“ *p = *q;”语句

15. 已有定义“int k =2; int *ptr1, *ptr2;”且 ptr1 和 ptr2 均已指向变量 k，下面不能正确执行的赋值语句是（　　）。

A. k = *ptr1 + *ptr2;　　B. ptr2 =k;

C. ptr1 =ptr2;　　D. k = *ptr1 *(*ptr2);

16. 有如下说明：

int a[10] = {1,2,3,4,5,6,7,8,9,10}, *p =a;

则数值为 9 的表达式是（　　）

A. *p +9　　B. *(p +8)　　C. *p +=9　　D. p +8

17. 设有如下定义，则以下说法中正确的是（　　）。

char *aa[2] = {"abcd","ABCD"};

A. aa 数组元素的值分别是"abcd" 和 ABCD"

B. aa 是指针变量，它指向含有两个数组元素的字符型一维数组

C. aa 数组的两个元素分别存放的是含有四个字符的一维字符数组的首地址

D. aa 数组的两个元素中各自存放了字符 'a' 和 'A' 的地址

18. 设有以下定义，则下列能够正确表示数组元素 a[1][2]的表达式是（　　）。

int a[4][3] = {1,2,3,4,5,6,7,8,9,10,11,12};

int(*prt)[3] =a, *p =a[0];

A. *((*prt +1)[2])　　B. *(*(p +5))

C. (*prt +1) +2　　D. *(*(a +1) +2)

19. 设有如下定义，则执行语句“ * --p;”后，*p 的值是（　　）。

int a[5] = {10,20,30,40,50}, *p = *a[2];

A. 30　　B. 20　　C. 19　　D. 29

20. 设有如下定义，则下列程序段中正确的是（　　）。

char *st = "how are you";

A. char a[11], *p;strcpy(p =a +1,&st[4]);　　B. char a[11];strcpy(++a,st);

C. char a[11];strcpy(a,st);　　D. char a[ ], *p;strcpy(p =&a[1],st +2);

21. 若有以下说明和定义，在必要的赋值之后，对 fun( ) 函数的正确调用语句是(　　)。

```
fun(int *c){ }
main()
{ int( *a)() =fun, *b(),w[10],c;
…
```

}

A. a(w); B. (*a)(&c); C. b=*b(w); D. fun(b);

22. 若有以下定义:

char s[20]="programming",*ps=s;

则不能代表字符o的表达式是( )。

A. ps+2 B. s[2] C. ps[2 D. ps+=2,*ps

23. 若有以下定义和语句:

char *s1="12345",*s2="1234";

printf("%d\n",strlen(strcpy(s1,s2)));

则输出结果是( )。

A. 4 B. 5 C. 9 D. 10

24. 若有以下定义和语句:

int a[10]={1,2,3,4,5,6,7,8,9,10},*p=a;

则不能表示a数组元素的表达式是( )。

A. *p B. a[10] C. *a D. a[p-a]

25. 若有以下程序段:

int c1=1,c2=2,c3;

c3=1.0/c2*c1;

则执行后,c3中的值是( )。

A. 0 B. 0.5 C. 1 D. 2

26. 有如下程序段:

int *p,a=10,b=1;

p=&a;a=*p+b;

执行该程序段后,a的值为( )。

A. 12 B. 11 C. 10 D. 编译出错

27. 有以下函数

char fun(char *p)

{return p;}

该函数的返回值是( )

A. 无确切的值 B. 形参p中存放的地址值

C. 一个临时存储单元的地址 D. 形参p自身的地址值

28. 下列程序的输出结果是( )。

```
main()
{ int a[5]={2,4,6,8,10},*p,**k;
p=a;
k=&p;
printf("%d",*(p++));
```

```
printf("%d\n", * * k);
}
```

A. 4　4　　B. 2　2　　C. 2　4　　D. 4　6

29. 若有语句“int a=4, * p=&a;”，下面均代表地址的一组选项是（　　）。

A. a,p,& * a　　B. * &a,&a, * p　　C. &a,p,& * p　　D. * &p, * p,&a

30. 有以下程序：

```
#include <stdio.h>
void main()
{
int a[3][3], * p,i;
p=&a[0][0];
for(i=0;i<9;i++)
   p[i]=i+1;
printf("%d \n",a[1][2]);
}
```

程序运行后的输出结果是（　　）。

A. 3　　B. 6　　C. 9　　D. 2

二、填空题

1. 在 C 语言中，指针就是一个________。

2. 在 C 语言中，指针变量就是专门用来存放变量________的变量。

3. 在 C 语言中，说 p 指向 x，意味着变量 p 的________是变量 x 的__________。

4. 若有如下说明：

float num[10]={0.0,1.1,2.2,3.3,4.4,5.5,6.6,7.7,8.8,9.9}, * p=&num[5];

那么执行语句“p-=4;”后，指针 p 指向的元素是____________。

5. 运算符 & 和 * 分别称为________运算符和________运算符。

6. 若有说明语句“int a[3]={1,3,5}, * p=a;”，则 * ++p、* p++、 * p+1 的值分别是______。

7. 若有定义“int a[]={2,4,6,8,10,12}, * p=a;”，则 * (p+1)的值是______________。

8. 已知有以下说明：

int a[]={8,1,2,5,0,4,7,6,3,9};

那么 a[* (a+a[3])]的值为____________。

9. 执行以下程序后，y 的值是______________。

```
main()
{
int a[]={2,4,6,8,10};
int y=1,x, * p;
```

```
p = &a[1];
for(x = 0;x < 3;x ++ )
y += *(p + x);
printf("%d\n",y);
}
```

10. 执行以下程序后，a 的值为________。

```
static int s[] = {5,8,4,6,10,7};
int a,i, *p;
a = 10;p = &s[0];
for(i = 0;i < 6;i ++ )
a = ( *(p + i) < a)? *(p + i):a;
```

三、程序阅读题

1. 阅读以下程序，该程序的执行结果是（　　）。

```
#include <stdio.h>
void main()
{
int a[12] = {1,2,3,4,5,6,7,8,9,10,11,12}, *p[4],i;
for(i = 0;i < 4;i ++ )   p[i] = &a[i * 3];
printf("%d\n",p[3][2]);
}
```

2. 有如下程序，该程序的输出结果是（　　）。

```
main()
{
char ch[2][5] = {"6937","8254"}, *p[2];
int i,j,s = 0;
for(i = 0;i < 2;i ++ )p[i] = ch[i];
for(i = 0;i < 2;i ++ )
  for(j = 0;p[i][j] > '\0';j += 2)
  s = 10 * s + p[i][j]-'0';
printf("%d\n",s);
}
```

3. 下列程序的输出结果是（　　）。

```
#include <stdio.h>
#include <string.h>
main()
{
  char *p1, *p2,s[10] = "12345";
```

```
  p1 = "abcde";
  p2 = "ABCDE";
  strcpy(s+2,p1+3);
  strcat(s,p2+2);
  printf("%s",s);
}
```

4. 以下程序运行之后的输出结果是（　　）。

```
#include <stdio.h>
void main()
{
int   *p, *p1, *p2,a=3,b=7;
     p1 =&a;p2 =&b;
     if(a<b){ p=p1;p1=p2;p2=p;}
     printf("%d,%d ", *p1, *p2);
     printf("%d,%d",a,b);
}
```

5. 阅读以下程序，其运行结果是（　　）。

```
#include <stdio.h>
void change(int *x,int y)
{
   int t;
   t= *x; *x=y;y=t;
   }
main()
{
int a=3,b=5;
change(&a,b);
printf("a=%d,b=%d\n",a,b);
}
```

6. 以下程序的运行结果是（　　）。

```
sub(int x,int y,int *z)
{ *z=y-x;}
main()
{ int a,b,c;
sub(10,5,&a);
sub(7,a,&b);
sub(a,b,&c);
```

```
printf("%4d,%4d,%4d\n",a,b,c);
}
```

7. 有如下程序，该程序的输出结果是（　　）。

```
main( )
{
char *s = "121";
int  k =0,a =0,b =0;
do
{
  k ++;
  if(k%2 ==0){a =a +s[k] -'0';continue;}
  b =b +s[k] -'0';
  a =a +s[k] -'0';
  }while(s[k +1]);
  printf("k =%d a =%d b =%d\n",k,a,b);
}
```

四、程序设计题

1. 已知有一个整型数组 a[5] = {62,28,47,38,25}。要求编写一个程序，分别用下标法和指针法输出一维数组的每一个元素的取值。

2. 编写一个程序，利用 char 型的指针变量指向一个字符串，并把字符串里的小写字母全部转换成大写。

3. 编写一个程序，输入月份号，输出该月份的英文名称，要求用指针实现。

4. 输入一行文字，计算其中大写字母、小写字母、空格、数字以及其他字符各有多少，要求用指针实现。

5. 输入三个整数，按由大到小的顺序输出，要求用指针实现。

单元 7

文 件

【教学目的】

通过本单元的学习，要求能理解文本文件和二进制文件的概念，能熟练使用文件的读写函数对文件进行一系列的操作，理解文件的定位和文件的出错检测等。

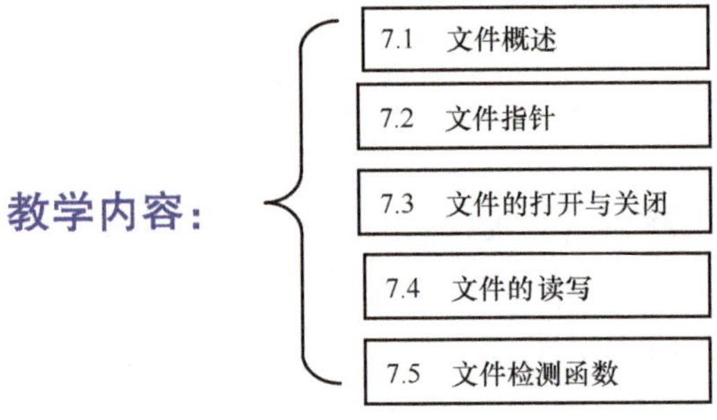

【重点难点】

重点：

① 文件的打开与关闭；

② 文件的指针；

③ 文件的随机读写；

④ 文件的出错检测。

难点：

① 文件的打开与关闭；

② 文件的读写。

任务　统计学生信息

【任务描述】

将一个班级学生的期末考试信息（学号、姓名、总分）存入磁盘文件 stu. txt 中，同时统计总分在 550 分以上的优秀学生信息，并将优秀学生的名单输出到屏幕上。

【关键知识点】

① 文件的打开与关闭；
② 文件的读写。

【相关知识】

文件是指一组相关数据的集合，操作系统以文件为单位对数据进行管理。文件通常存放于外存储器中，其内容可以是各种类型的数据，也可以是程序清单等。文件是程序设计中一个非常重要的概念，任何一种计算机语言都具有较强的文件操作能力。文件也是一种数据类型，对文件的操作有打开、关闭、读写。C 语言中还有指向文件类型的指针变量。

7.1　文件概述

7.1.1　文件的基本概念

众所周知，计算机操作系统的重要组成部分之一就是文件管理系统。这里所说的文件，一般指存放在外部介质（如磁盘等）上的一些信息的集合。实际上在前面的各单元中我们已经多次使用了文件，例如源程序文件、目标文件、可执行文件、库文件（头文件）等。

操作系统以文件为操作单位，也就是说，如果想找到存放在外部介质上的数据，必须先找到所对应的文件，然后再从文件中读取数据。要向外部介质上存储数据，也必须先建一个文件（以文件名为标识），然后才能向它输出数据。

7.1.2　文件的分类

在 C 语言程序设计中，从不同的角度可以对文件作不同的分类。

1）根据文件的内容，可分为程序文件和数据文件。其中程序文件可分为源文件、目标文件和可执行文件；数据文件是程序运行时需要的原始数据及输出的结果。这两类文件都保存在磁盘上，随时可以使用。

2）根据文件的组织形式，可分为顺序存取文件和随机存取文件。可以进行顺序存取的文件称为顺序存取文件；可以进行随机存取的文件称为随机存取文件。

3）根据文件的存储形式，可分为 ASCII 文件和二进制文件。其中，ASCII 文件也称文本文件，是一种字符流文件。ASCII 文件的每 1 个字节存储 1 个字符，因而便于对字符进行逐个处理，但一般占用的存储空间较多，而且要花费转换时间（二进制与 ASCII 码之间的转换）。

ASCII 文件在磁盘中存放时每个字符对应一个字节，用于存放对应的 ASCII 码，例如，数 5678 的存储形式如下：

ASCII 码：	00110101	00110110	00110111	00111000
	↓	↓	↓	↓
十进制码：	5	6	7	8

共占用 4 个字节。

二进制文件是按二进制的编码方式来存放文件的。例如，数 5678 的存储形式为

00010110　00101110

(0X162E)

7.2　文件指针

C 语言中用一个指针变量指向一个文件，这个指针称为文件指针。通过文件指针可对其所指的文件进行各种操作。

定义说明文件指针的一般形式为

FILE * 指针变量标识符;

其中 FILE 应为大写，它实际上是由系统定义的一个结构，该结构中含有文件名、文件状态和文件当前位置等信息。在编写源程序时不必关心 FILE 结构的细节，例如：

FILE * fp;

表示 fp 是指向 FILE 结构的指针变量，通过 fp 即可找到存放某个文件信息的结构变量，然后按结构变量提供的信息找到该文件，并实施对文件的操作。FILE 类型的文件以及所有的文件读写函数和相关常量都定义在文件 stdio. h 中，在源程序开头要包含头文件 stdio. h。

7.3　文件的打开与关闭

为了保护文件中的数据不被破坏，文件一般都处于关闭状态，若打开文件，访问后需立即关闭。所谓打开文件，实际上是建立文件的各种有关信息，并使文件指针指向该文件，以便进行相关操作。关闭文件则为断开指针与文件之间的联系，也就是禁止再对该文件进行操作。

7.3.1　文件的打开

文件打开函数 fopen()用来打开一个文件，其调用的一般形式为

文件指针名 = fopen("文件名","文件使用方式");

其中："文件指针名" 必须是被说明为 FILE 类型的指针变量；"文件名" 是被打开文件的文件名，文件名通常是文件变量或文件数组；"文件使用方式" 是指文件的类型和操作要求，例如：

FILE　* fp;

fp = ("file. txt","r");

其含义是在当前目录下打开文件 file. txt，且只允许进行 "读" 操作，并使 fp 指向该文件。

文件使用方式及含义见表 7-1。

表 7-1　文件使用方式及含义

文件使用方式	含　义
r（只读）	打开一个已有的文本文件，只允许读取数据
w（只写）	打开或建立一个文本文件，只允许写入数据
a（追加）	打开一个已有的文本文件，并在文件末尾追加数据

（续）

文件使用方式	含 义
rt+（读写）	打开一个已有的文本文件，允许读和写
wt+（读写）	打开或建立一个文本文件，允许读写
at+（读写）	打开一个已有的文本文件，允许读或在文件末尾追加数据
rb（只读）	打开一个已存在的二进制文件，只允许读数据，若文件不存在，则返回 NULL
wb（只写）	打开或建立一个二进制文件，只允许写数据。若打开的文件不存在，则建立一个新文件；若文件已经存在，则将原有文件内容清空
ab（追加）	打开一个二进制文件，并在文件末尾追加数据，若文件不存在，则新建一个文件，并添加数据
rb+（读写）	打开一个二进制文件，允许读和写
wb+（读写）	打开或建立一个二进制文件，允许读和写
ab+（读写）	打开一个二进制文件，允许读或在文件末尾追加数据

注意：在 C 语言中，默认的文件类型为文本文件，当未指明文件类型时，C 编译系统将按文本文件进行处理。

对表 7-1 作以下补充说明：

① 程序中凡是用“r”打开一个文件时，表明该文件必须已经存在，且只能从该文件读出数据。

② 用“w”打开的文件也只能向该文件写入数据。若打开的文件不存在，则按照指定的文件名建立该文件；若打开的文件已经存在，则将该文件删除，重建一个新文件。使用时要特别注意这一点。

③ 如果要向一个已经存在的文件后面追加新的信息，那只能用“a”方式打开文件。但此时该文件必须是存在的，否则将会出错。

④ 在打开一个文件之前，应该定义文件指针，以便接收函数 fopen()返回的地址。如果出错，函数 fopen()将返回一个空指针 NULL。在程序中可以用这一信息来判别打开文件的工作是否完成，并做相应的处理，例如：

```
if((fp=fopen("file1","rb"))==NULL)
{
    printf("\n error on open file1");
    getch();
    exit(1);
}
```

该程序段表示：如果返回的指针为空，则不能打开当前目录下的文件“file1”，同时给出错误提示信息“error on open file1”。程序中 getch()函数的功能是从键盘输入一个字符，该字符不在屏幕上显示。其实 getch()函数在这里的作用是停留等待，只有当用户从键盘敲任意键时，程序才继续执行，我们可以利用这个等待时间来阅读出错提示，找到错误原因。当敲任意键后，执行语句“exit(1);”，从而退出程序。

7.3.2 文件的关闭

文件一旦使用完毕，应使用关闭文件函数 fclose( )把文件关闭，以避免文件数据丢失等情况的发生。

fclose( )函数调用的一般形式为

fclose(FILE * fp);

其中，参数 fp 是文件指针，已经通过 fopen( ) 函数获得，它指向某个打开的文件，例如：

fclose(fp);

上述语句的含义是关闭 fp 所指向的文件，同时自动释放分配给文件的内存缓冲区。当正常完成关闭文件的操作时，fclose( )函数的返回值为 0，表示已正常关闭指定的文件；如返回非 0 值，则表示有错误发生。

【例 7-1】 文件的打开与关闭应用举例。

```
#include <stdio.h>
#include <stdlib.h>
void main()
{
  FILE * fp;                              /* 定义一个文件指针 */
  if((fp = fopen("C:\\STUDENT\\ch01_01\\ch01_01.c","rb")) == NULL)
  {
      printf("file can not open!\n");
      exit(1);
  }
  else
      printf("The file succeed open!\n");
      fclose(fp);
}
```

说明：在书写时，要严格按照格式书写，例如：将路径写成“C:\STUDENT\ch01_01\ch01_01.c”是不正确的，这一点要特别注意。路径写成“C:\\STUDENT\\ch01_01\\ch01_01.c”才是正确的，这里“\\”的含义是：第一个“\”代表转义字符，第二个“\”才是字符本身。

7.4 文件的读写

对文件的读和写是最常用的文件操作。所谓读文件是指将磁盘文件中的数据传送到计算机内存的操作。所谓写文件是指从计算机内存向磁盘文件中传送数据的操作。C 语言提供了多种文件读写的函数：

① 字符读写函数：fgetc( )和 fputc( )；

② 字符串读写函数：fgets( )和 fputs( )；

③ 数据块读写函数：freed( )和 fwrite( )；

④ 格式化读写函数：fscanf( )和 fprinf( )；

⑤ 文件随机读写函数：rewind( )和 fseek( )。

使用以上函数时都要求包含头文件 stdio. h。

7.4.1 字符读写函数

字符读写函数是以字符为单位的读写函数，每次可从文件读出或向文件写入一个字符。

1. 写字符函数 fputc( )

fputc( )函数的功能就是把一个字符写入指定的文件中，其调用格式一般为

fputc(字符,文件指针变量)；

其中，“字符”可以是一个字符常量，也可以是一个字符变量；“文件指针变量”是已经打开文件的指针变量，如：

fputc('m',fp)；

其功能就是把字符 'm' 写入 fp 所指向的文件中。

被写入的文件可以用写、读写、追加方式打开，用写或读写方式打开一个已存在的文件时将清除原有的文件内容，写入字符从文件首开始。如需保留原有文件内容，希望写入的字符从文件末开始存放，必须以追加方式打开文件。被写入的文件若不存在，则创建该文件。

每写入一个字符，文件内部位置指针向后移动一个字节。fputc( )函数有一个返回值，如写入成功则返回写入的字符，否则返回一个 EOF（-1），可用此来判断写入是否成功。

【例 7-2】 通过键盘输入一行字符，写入一个文件。

```
#include "stdio.h"
#include <stdlib.h>
main()
  {
    FILE  *fp;
    char  ch;
    if((fp=fopen("d:\\string.txt","wt+"))==NULL)
    {
      printf("Cannot open file string any key exit!");
    exit(1);
    }
   printf("input a string:\n");
  do                              /*不断从键盘读字符并写入文件,直到遇到换行符*/
  {   ch=getchar();               /*从键盘读取字符*/
      fputc(ch,fp);               /*将字符写入文件*/
  }while(ch!='\n');
  fclose(fp);                     /*关闭文件*/
  }
```

2. 读字符函数 fgetc()

fgetc()函数的功能是从指定的文件中读取一个字符，其调用格式一般为

字符变量 = fgetc(文件指针变量);

其中，“文件指针变量”是已经打开文件的指针变量，它的功能就是从指定的文件中读取一个字符并送入到指定的字符变量中，例如：

```
char ch;
ch = fgetc(fp);
```

表示从 fp 所指向的文件读一个字符，字符由函数返回，返回的字符赋值给变量 ch。执行本函数时，当读到文件末尾或者出错时，则该函数返回一个文件结束标志 EOF（-1）。

fgetc()函数读取的文件必须是以读或写方式打开的，读取字符的结果也可以不向字符变量赋值，例如：

```
fgetc(fp);
```

但是在这种情况下，读出的字符不能保存。

说明：

① 每次读出一个字符，文件位置指针自动指向下一个字节。

② 文本文件的内部全部是 ASCII 字符，其值不可能是 EOF（-1），所以可以使用 EOF（-1）来确定文件结束。但是对于二进制文件则不能这样做，因为可能在文件中某个字节的值恰好等于 -1，如果此时使用 -1 判断文件结束是不恰当的。为了解决这个问题，ANSI C提供了 feof()函数来判断文件是否真正结束。

③ feof()函数既适合文本文件，也适合二进制文件结束的判断。

【例 7-3】 将磁盘上一个文本文件的内容复制到另一个文件中。

```
#include <stdio.h>
#include <stdlib.h>
main()
{
FILE *fp_in, *fp_out;
char infile[20],outfile[20];
printf("Enter the infile  name:");
scanf("%s",infile);                          /*输入复制源文件的文件名*/
printf("Enter the outfile name:");
scanf("%s",outfile);                         /*输入复制目标文件的文件名*/
if((fp_in=fopen(infile,"r"))==NULL)          /*打开源文件*/
{   printf("can't open file:%s",infile);
    exit(1);
}
if((fp_out=fopen(outfile,"w"))==NULL)        /*打开目标文件*/
{   printf("can't open file:%s",outfile);
```

```
        exit(1);
        }
    while(! feof(fp_in))                    /* 若源文件未结束 */
    {
        fputc(fgetc(fp_in),fp_out);         /* 从源文件读一个字符,写入目标文件 */
    }
    fclose(fp_in);                          /* 关闭源、目标文件 */
    fclose(fp_out);
    }
```

7.4.2 字符串读写函数

1. 读字符串函数 fgets( )

与文件的读字符函数一样，读字符串函数是指从文件中读出一个字符串并将其保存到内存变量中，函数 fgets( )用于读一个字符串，调用格式一般如下：

fgets(字符数组,n,文件指针变量);

其中，“文件指针变量”是已打开文件的指针变量，n 为正整数。该函数表示从文件中读出的字符串不超过 n－1 个字符。当满足下列条件之一时，读取过程结束。

① 已读取了 n－1 个字符。

② 当前读取的字符是回车符。

③ 已读取到了文件末尾。

字符串读入后最后加一个‘\0’字符。执行本函数时，若成功则返回“字符数组”存储的字符串，否则遇到文件结束或出错时返回 NULL。

【例 7-4】 编写一个将程序文件 lianxi. c 中全部信息显示到屏幕上的程序。

```
#include <stdio.h>
#include <stdlib.h>
void main()
{
FILE  *fp;
char  string[81];                           /* 最多保存 80 个字符,外加一个字符串结
                                               束标志 */
if((fp=fopen("lianxi.c","r"))==NULL)        /* 打开文件 */
{
    printf("can't open file");
    exit(1);
}
while(fgets(string,81,fp)! =NULL)           /* 从文件中一次读 80 个字符,遇换行或
                                               EOF,提前带回字符串 */
printf("%s",string);                        /* 输出字符串 */
```

```
fclose(fp);                              /*关闭文件*/
}
```

2. 写字符串函数 fputs()

与文件的写字符函数一样，写字符串函数是指将一个存放在内存变量中的字符串写到文件中，函数 fputs()用于写一个字符串，调用格式一般如下：

fputs(字符串,文件指针变量);

其中，“文件指针变量”是已打开文件的指针变量。该函数把“字符串”写入到指定的文件中去。执行本函数时，若成功则返回 0，否则遇到文件结束或出错时返回非零值。

【例 7-5】 编写一个程序，使用 fgets()函数和 fputs()函数实现文件复制。

```
#include <stdio.h>
#include <stdlib.h>
main()
{
   char b[256];
   char s[20],t[20];
   FILE *fp1,*fp2;
   printf("输入源文件名:");
   scanf("%s",s);
   printf("输入目标文件名:");
   scanf("%s",t);
 if((fp1=fopen(s,"r"))==NULL)
 {
 printf("不能打开%s 文件\n:",s);
 exit(0);
 }
 if((fp2=fopen(t,"w"))==NULL)
 {
 printf("不能建立%s 文件\n:",t);
 exit(1);
 }
 while(fgets(b,256,fp1))
 fputs(b,fp2);
 fclose(fp1);
 fclose(fp2);
 }
```

7.4.3 格式化读写函数

格式化读写函数 fscanf()、fprintf()与 scanf()、printf()函数作用基本相同，区别在于

scanf()、printf()函数读写的对象是终端，而 fscanf()、fprintf()读写的对象是磁盘文件。

1. 格式化读函数 fscanf()

它的一般使用格式如下：

fscanf(文件指针,格式字符串,输入列表)；

fscanf()函数的功能就从文件指针所指向的文件中按格式字符串指定的格式读取数据，存入到输入列表中变量的存储单元，成功时返回一个大于 0 的数，若出错，则返回一个负数。

例如：

fscanf(fp,"%d%s",&i,str)；

若此时 fp 所指的文件中存放着以下数据：

6happynewyear

则上述语句的作用就是将 6 赋给整型变量 i，将"happynewyear" 赋给字符数组 str。

2. 格式化写函数 fprintf()

它的一般使用格式如下：

fprintf(文件指针,格式字符串,输出表列)；

fprintf()函数的功能就是将格式字符串输出到文件指针所指的文件，成功时返回一个大于 0 的数；若读到文件末尾，则返回文件结束标志 EOF（-1）；若出错，则返回 0。

例如：

fprintf(fp,"%d%c",j,ch)；

该语句的作用是将整型变量 j 和字符型变量 ch 的值按%d 和%c 的格式输出到 fp 所指的文件中。

用 fscanf()函数和 fprintf()函数对文件进行读写操作，使用方便，容易理解，但由于在输入时要将 ASCII 码转换为二进制形式，在输出时又要将二进制形式转换成字符，花费时间比较多。因此，最好不用 fscanf()函数和 fprintf()函数，而是用后面介绍到的 fread()和 fwrite()函数。

7.4.4 数据块读写函数

从文件（特别是二进制文件）中读写一块数据（如一个数组元素）时，使用数据块读写函数非常方便。

1. 数据块读函数 fread()

数据块读函数 fread()调用的一般格式为

fread(buffer,size,count,文件指针变量)；

其中，“buffer”是输入数据在内存中存放的起始地址；size 是要读取的字节数，即每个数据块的字节数；“count”用来指定每次读取数据块的个数（每个数据块具有 size 个字节）；“文件指针变量”是已经打开文件的指针。该函数的功能是在指定的文件中读取 count 个数据块，存放到 buffer 指定的内存单元中去。

执行本函数时，成功则返回实际读出的数据块个数，出错或遇到文件末尾时则返回 0。

2. 数据块写函数

数据块写函数 fwrite( )调用的一般格式为

fwrite(buffer,size,count,文件指针变量);

其中,“buffer”是输出数据在内存中存放的起始地址,即数据块指针;size 是要写入文件的字节数,即每个数据块的字节数;count 用来指定每次写入数据块的个数(每个数据块具有 size 个字节);“文件指针变量”是已经打开文件的指针。该函数的功能是从 buffer 为首地址的内存中取出 count 个数据块,写入到指定的文件中。

说明如下:

buffer 是指针,对 fread( )指用于存放读入数据的首地址;对 fwrite( )指要输出数据的首地址。size 是一个数据块的字节数(每块大小),count 是要读写的数据块块数。fread( )、fwrite( )返回读取、写入的数据块块数,正常情况返回 count 的个数,异常返回值 0。以数据块方式读写时,文件通常以二进制方式打开。

7.4.5 文件的随机读写

前面介绍的对文件的读写方式都是顺序读写,即读写文件只能从头开始,顺序读写各个数据,但在实际问题中常要求只读写文件中某一指定的部分。为了解决这个问题可移动文件内部的位置指针到需要读写的位置,再进行读写,这种读写称为随机读写。

实现随机读写的关键是要按要求移动位置指针,称为文件的定位。移动文件内部位置指针的函数主要有两个,即 rewind( )函数和 fseek( )函数。

1. rewind( )函数

rewind( )函数的一般格式为

rewind(文件指针);

其功能就是把文件内部的位置指针移到文件首。

2. fseek( )函数

fseek( )函数的一般格式为

fseek(文件指针,位移量,起始点);

其功能就是用来移动文件内部位置指针。

其他说明:

①“文件指针”指向被移动的文件。

②“位移量”表示移动的字节数,要求位移量是 long 型数据,以便在文件长度大于 64KB 时不会出错。当用常量表示位移量时,要求加后缀“L”。

③“起始点”表示从何处开始计算位移量,规定的起始点有三种:文件首、当前位置和文件尾。

7.5 文件检测函数

C 语言中常用的文件检测函数有以下几个:

1. 文件结束检测函数 feof( )

它的一般格式为

feof(文件指针);

feof()函数的功能就是判断文件是否处于文件结束位置，如文件结束，则返回值为1，否则为0。

2. 读写文件出错检测函数ferror()

它的一般格式为

ferror(文件指针);

ferror()函数的功能就是检查文件在用各种输入、输出函数进行读写时是否出错，如ferror()函数返回值为0表示未出错，否则表示有错。

3. 文件出错标志和文件结束标志置0函数clearerr()

它的一般格式为

clearerr(文件指针);

clearerr()函数的功能为清除出错标志和文件结束标志，使它们为0值。

【任务实施】

解决此任务会涉及文件的打开与关闭、文件的读写及文件函数的应用。

解题思路：首先将一个班的学生信息存放到文件stu.txt中，然后对存放在stu.txt中的学生总分进行统计，并将总分在550分以上的学生名单输出。

假设班级目前的学生数为30，则程序代码如下：

```
#include <stdio.h>
#define   N   30                          /*定义班级中学生的人数*/
void main()
  {
    int i;
    FILE *fp;
    FILE *fpp;
    struct stu
      {
      char name[20];
      int number;
      int score;
      }stud[N]
fp = fopen("stu.txt","w");            /*打开或建立stu.txt文件,只允许写入数据*/
for(i=0;i<N;i++)
{
printf("请输入第%d个学生的信息:\n",i+1);
printf("姓名:");
scanf("%s",stud[i].name);
```

```
printf("学号:");
scanf("%d",&stud[i].number);
printf("总分:");
scanf("%d",&stud[i].score);
fprintf(fp,"%s,%d,%d\n",stud[i].name,stud[i].number,stud[i].score);
    fclose(fp);                       /*关闭 stu.txt 文件*/
fpp=fopen("stu.txt","r");             /*打开已有的 stu.txt 文件,只允许读取数据*/
for(i=0;i<N;i++)
{
    if(stud[i].score>550.0)
      printf("%s(学号:%d)是个优秀的学生。\n",stud[i].name,stud[i].number);
}
    fclose(fpp);                      /*关闭 stu.txt 文件*/
}
```

以输入 5 个（假设此时 N 的值为 5）学生的信息为例，程序的运行情况如下：

```
请输入第 1 个学生的信息:
姓名:Wangli
学号:1
总分:350
请输入第 2 个学生的信息:
姓名:Zhaoye
学号:2
总分:481
请输入第 3 个学生的信息:
姓名:Zhangjun
学号:3
总分:613
请输入第 4 个学生的信息:
姓名:Lilei
学号:4
总分:542
请输入第 5 个学生的信息:
姓名:Weimin
学号:5
总分:552
Zhangjun(学号:3)是个优秀的学生。
Weimin(学号:4)是个优秀的学生。
```

此时如果打开文件 stu. txt，则会看到5个学生的信息清单按照输入的顺序存放在 stu. txt 文件中，形式如下：

Wangli,1,350

Zhaoye,2,481

Zhangjun,3,613

Lilei,4,542

Weimin,5,552

【练一练】 编写一个程序，从键盘输入5个整数并写入到文件 test. dat 中，再将写入数据后的 test. dat 关闭。

解题思路：

① 定义一个数组 a[i] 用来存放5个整数；

② 定义文件指针 fp；

③ 以写二进制文件方式打开文件 test. dat；

④ 如果打开文件失败，则输出错误信息并结束程序；

⑤ 从键盘输入5个整数存入数组，并将数组元素写入到文件中；

⑥ 关闭文件。

程序参考如下：

```
#include <stdio.h>
#include <stdlib.h>
main()
{
  int a[5];                              /*定义数组*/
  int i;
  FILE *fp;                              /*定义文件指针*/
  fp=fopen("test.dat","wb");             /*以二进制文件方式打开文件*/
  if(fp==NULL)
{
  printf("can't open this file\n");
  exit(0);
}
printf("please input 5 integers:");
for(i=0;i<5;i++)                         /*输入5个整数存放到数组中*/
scanf("%d",&a[i]);
fwrite(a,2*5,1,fp);                      /*将数组中5个整数写入文件*/
fclose(fp);
}
```

小　　结

由于文件的打开与关闭都是利用系统函数来实现的，因此，在编写有关文件的程序时，应该在其中包含 stdio. h 头文件。本单元主要介绍了以下几类文件函数：

1. 文件打开与关闭函数

① 文件打开函数 fopen()；

② 文件关闭函数 fclose()。

用 fopen()函数打开一个文件，文件一旦使用完毕，应使用文件关闭函数 fclose()把文件关闭，以避免文件数据丢失等情况的发生。

2. 文件读写函数

① 字符读写函数：fgetc()和 fputc()；

② 字符串读写函数：fgets()和 fputs()；

③ 格式化读写函数：fscanf()和 fprinf()；

④ 数据块读写函数：freed()和 fwrite()；

⑤ 文件随机读写函数：rewind()和 fseek()。

3. 文件检测函数

① 文件结束检测函数 feof()；

② 读写文件出错检测函数 ferror()；

③ 文件出错标志和文件结束标志置 0 函数 clearerr()。

习题 7

一、选择题

1. 在文件打开模式中，字符串“rb”的含义是（　　）。

A. 打开一个文本文件，只能写入数据

B. 打开一个已存在的二进制文件，只能读取数据

C. 打开一个已存在的文本文件，只能读取数据

D. 打开一个二进制文件，只能写入数据

2. 若某文件的文件指针为 fp，其内部指针现在已指向文件尾，那么函数 feof(fp) 的返回值是（　　）。

A. 0　　B. －1　　C. 非零值　　D. NULL

3. 下面语句中，把变量 fptr 说明为是一个文件指针的是（　　）。

A. FILE * fptr　　B. FILE fptr　　C. file * fptr　　D. file fptr;

4. 读取文件中的单个字符，应该使用函数（　　）。

A. getc()　　B. fgetc()　　C. gets()　　D. fgets()

5. 如果要把文件中的一个学生记录（包括学号、姓名、年龄）读到内存中相应的结构

型变量里，那么最好使用函数（　　）。

A. fgetc()　　B. fgets()　　C. fscanf()　　D. fread()

6. 以下叙述中正确的是（　　）。

A. C语言中文件是流式文件，因此只能顺序存取数据

B. 打开一个已存在的文件进行了写操作后，原有文件中的全部数据必定被覆盖

C. 在一个程序中当对文件进行了写操作后，必须先关闭该文件然后再打开，才能读到第1个数据

D. 当对文件的读（写）操作完成之后，应关闭文件，否则可能导致数据丢失

7. 以下叙述中错误的是（　　）。

A. C语言中对二进制文件的访问速度比文本文件快

B. C语言中，随机文件以二进制代码形式存储数据

C. 语句“FILE fp;”定义了一个名为fp的文件指针

D. C语言中的文本文件以ASCII码形式存储数据

8. 以下叙述中错误的是（　　）。

A. gets()函数用于从终端读入字符串

B. getchar()函数用于从磁盘文件读入字符

C. fputs()函数用于把字符串输出到文件

D. fwrite()函数用于以二进制形式输出数据到文件

9. 读取二进制文件的函数调用形式为“fread(buffer,size,count,fp);”，其中buffer代表的是（　　）。

A. 一个文件指针，指向待读取的文件

B. 一个整型变量，代表待读取数据的字节数

C. 一个内存块的首地址，代表读入数据存放的地址

D. 一个内存块的字节数

10. 设fp为指向某二进制文件的指针，且已读到此文件末尾，则函数feof(fp)的返回值为（　　）。

A. EOF　　B. 非0值　　C. 0　　D. NULL

11. fseek()函数定义格式正确的是（　　）。

A. fseek(文件类型指针,起始点,位移量)

B. fseek(fp,位移量,起始点)

C. fseek(位移量,起始点,fp)

D. fseek(起始点,位移量,文件类型指针)

12. 在执行fopen()函数时，ferror()函数的初值是（　　）。

A. TURE　　B. －1　　C. 1　　D. 0

13. fscanf()函数的正确调用形式是（　　）。

A. fscanf(fp,格式字符串,输出表列);

B. fscanf(格式字符串,输出表列,fp);

C. fscanf(格式字符串,文件指针,输出表列);

D. fscanf(文件指针,格式字符串,输入表列);

14. 若执行 fopen()函数时发生错误，则函数的返回值是（　　）。

A. 地址值　　B. 0　　C. 1　　D. EOF

15. 若要用 fopen()函数打开一个新的二进制文件，该文件要既能读也能写，则文件使用方式应是（　　）。

A. "ab+"　　B. "wb+"　　C. "rb+"　　D. "ab"

二、填空题

1. 在 C 语言程序中，数据可以以________和________两种形式的代码存放。

2. 在 C 语言里，称指向 FILE 型结构变量的指针为________，它对文件的使用起到极重要的作用。

3. “FILE * p”把变量 p 说明为是一个文件指针，这里用到的“FILE”，是在________头文件里定义的。

4. 当顺利执行了文件关闭操作时，fclose()函数的返回值是________。

三、程序阅读题

1. 阅读下面的程序，说明程序的功能。

```
#include "stdio.h"
main()
{
  FILE *fin, *fout;
  char ch;
  if((fin=fopen("filename1","rb"))==NULL)
  {
  printf("file can not open!\n");
  exit(1);
  }
  if((fout=fopen("filename2","wb"))==NULL)
  {
  printf("file can not open!\n");
  exit(1);
  }
  while(! feof(fin))
  {
  ch=fgetc(fin);
  fputc(ch,fout);
  }
  fclose(fin);
```

```
    fclose(fout);
}
```

2. 阅读下面的程序，说明程序的功能。

```
#include <stdio.h>
main()
{
    FILE * fp;
    char ch,fname[30];
    printf("Enter file name:");
    gets(fname);
    if((fp = fopen(fname,"w")) == NULL)
    {
    printf("File could not be opened!\n");
    exit(0);
    }
while((ch = getchar()) != '#')
    fputc(ch,fp);
fclose(fp);
}
```

四、程序设计题

1. 编写一个程序，从键盘键入10个字符，形成一个名为ztest. dat的文件，存于“E：/dahua/cprog”目录下（文件及其路径可以根据实际情况定）。

2. 编写一个程序，根据用户输入的文件名，将其打开，然后利用函数fprintf( )、fscanf( )，顺序往该文件里存储5个float型数据，然后再读出这5个数据加以验证。

单元 8

结构类型

【教学目的】

通过本单元的学习，要求了解结构体、共用体和枚举类型数据的特点，熟练掌握结构体的定义方法，结构体变量、数组和结构体指针的定义、初始化及成员的引用方法；掌握共用体和枚举类型的定义方法及对应变量的定义与引用。

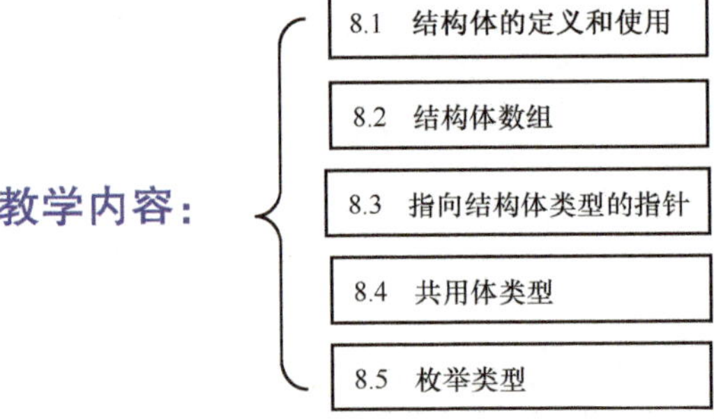

【重点难点】

重点：

① 结构体、共用体、枚举类型数据的特点和定义；

② 结构体变量、数组和结构体指针的定义、初始化及成员引用方法；

③ 共用体和枚举类型变量的定义和引用方法。

难点：

嵌套的结构体数据的处理。

任务　用结构体数组进行学生信息管理

【任务描述】

考试成绩结束后老师登记学生成绩，一个学生的基本信息包含学号和成绩等信息，要求用结构体来实现。

【关键知识点】

结构体变量、数组和结构体指针的定义、初始化及成员引用方法。

【相关知识】

C 语言除了有整型、实型、字符型等基本数据类型外，还有数组这样的构造型数据，它可以处理一组相同类型的数据。但在实际生活中有许多不同类型的数据作为一个有机整体存在，例如通讯录可由姓名、地址、电话、邮政编码等组成；一个学生的情况可由姓名、性别、年龄、成绩、家庭住址等数据项组成。它们虽然是一个整体，但却具有不同的数据类型，为了解决这个问题，C 语言提供了这样一种数据结构——结构体。

8.1 结构体的定义和使用

8.1.1 结构体类型的定义

结构体是由基本数据类型构成，并用一个标识符来命名的各种变量的组合，结构体中可以使用不同的数据类型。

结构体类型的一般形式为

```
struct 结构体类型名
{
数据类型 1 成员名 1;
数据类型 2 成员名 2;
……
数据类型 n 成员名 n;
};
```

其中：

① struct 是关键字，不能省略；

②“结构体类型名”为合法标识符，可以省略；

③ 数据类型可以是基本类型或构造型；

④ 最后的分号不能省略。

【例 8-1】 以下语句定义了一个员工情况结构体 employee。

```
struct employee                        /* 结构体类型名为 employee */
{
  char   name [10];                    /* 成员 name（姓名）的类型为 char 型数组 */
  int    age;                          /* 成员 age（年龄）的类型为 int 型 */
  char   sex;                          /* 成员 sex（性别）的类型为 char 型 */
  int    salary;                       /* 成员 salary（薪水）的类型为 int 型 */
};                                     /* 分号结尾 */
```

现在定义 struct employee 这个结构体类型，其包含 4 个成员，共占用 10 + 2 + 1 + 2 = 15

个字节的存储空间，其中 name 需要 10 个字节，age 需要 2 个字节，sex 需要 1 个字节，salary需要 2 个字节。这实际上与 C 语言已经定义的基本数据类型所提供的信息是一样的，只是结构体类型更加复杂一些。

当一个结构体又是另一个结构体的变量时，就形成了结构体嵌套。在处理数据时，有时要使用结构体的嵌套来处理组织结构比较复杂的数据集合。

【例 8-2】 结构体的嵌套。

```
struct date                    /*结构体名为 date */
{
  int year;                    /*该结构体有三个成员 year、month 和 day,类型均为 int */
  int month;
  int day;
};                             /*分号结尾*/
struct  student                /*结构体名为 student */
{
  char   num[9];               /*成员 num(学号)的类型为 char 型数组*/
  char   name[20];             /*成员 name(名字)的类型为 char 型数组*/
  char   sex;                  /*成员 sex(性别)的类型为 char 型*/
  struct date birthday;        /*成员 birthday(生日)的类型为 struct date 结构体类型*/
  float  score;                /*成员 score(分数)的类型均为 float 型*/
};
```

其中，结构体类型 student 包含 birthday 成员项，该成员项又是一个结构体类型 date 的变量。

在这个结构体中，struct student 共占用 9 + 20 + 1 + 6 + 4 = 40 个字节的存储空间。

8.1.2 结构体变量的定义和初始化

当结构体类型定义之后，就可以指明使用该结构体类型的具体对象，即定义结构体类型的变量，简称结构体变量。

定义一个结构体类变量，可以采用以下三种方法：

1）先定义结构体类型再定义变量，形式为

```
struct 结构体类型名
{
  结构体变量名表;
};
struct 结构体名 变量名1,变量名2,…;
```

比如：

```
struct employee                       /*先定义结构体类型 employee  */
{
char   name[10];
```

```
int    age;
char    sex;
int    salary;
};
struct employee p1,p2;                    /* 再定义 employee 结构体两个变量 p1 和 p2 */
```

还可以在定义变量的同时进行初始化，形式为

struct 结构体名变量 = {初始数据};

比如：

```
struct date
{
   int year;
   int month;
   int day;
};
struct    student
{
   char    num[9];
   char    name[20];
   char    sex;
   struct date birthday;
   float    score;
};
struct student st1 = {0105,"zhangsan",'m',{1985,9,20},95.5};
```

一个具有 struct student 型的变量 st1，它的成员 num 取值 0105，成员 name 取值"zhangsan"，成员 sex 取值 'm'，成员 birthday 的 3 个成员 year、month、day 分别取值为 1985、9、20，成员 score 取值为 95.5。

2）在定义类型的同时定义变量，这种定义结构体变量的一般格式如下：

```
struct 结构体类型名
{
数据类型 1    成员名 1;
数据类型 2    成员名 2;
……
数据类型 n    成员名 n;
}变量名表列;
```

即在结构体类型定义后直接写出变量名。

比如：

```
struct student
```

```
{
    char   num[9];
    char   name[20];
    char   sex;
    float  score;
}st1,st2;
```

在定义结构体类型 struct student 的同时，说明 st1 和 st2 是具有这种类型的两个结构体变量。当然，也可以包含对变量的初始化，比如：

```
struct student
{
    char   num[9];
    char   name[20];
    char   sex;
    float  score;
}st1,st2 = {0105,"zhangsan",'m',95.5};
```

再比如：为学生信息定义 2 个变量 x 和 y，并给它们赋初值，程序如下：

```
struct student
{
    long number;
    char name[10];
    char sex;
    float score[3];
}x = {100001L,"Mike",'m',{86,94,89}},
y = {100002L,"Lucy",'f',{78,88,45},};
```

这种方法是将类型定义和变量定义同时进行，以后仍然可以使用这种结构体类型来定义其他的变量。注意：类型与变量的概念不同。对结构体类型变量来说，在定义时一般先定义结构体类型，然后再定义该结构体类型的变量。只能对结构体类型的变量赋值、存取或运算，而不能对结构体类型赋值、存取或运算。编译时对类型是不分配存储空间的，只对变量分配存储空间。

3）定义无名称的结构体类型的同时定义变量，例如：为学生信息定义 2 个变量 x 和 y，并给它们赋初值，程序段如下：

```
struct
{
    long number;
    char name[10];
    char sex;
    float score[3];
```

```
}x = {100001L,"Tom",'m',{86,94,89}},
 y = {100002L,"Lucy",'f',{78,88,45},};
```

这种方法是将类型定义和变量定义同时进行，但结构体的名称省略，以后将无法使用这种结构体来定义其他变量，所以建议尽量少用。

8.1.3 结构体类型变量的引用

定义了结构体类型变量以后，就可以引用这个变量。结构体类型是由不同数据类型的若干数据集合而成，在程序中使用结构体变量时，一般不允许把结构变量作为一个整体进行操作，而应该通过对结构体变量的各个成员项的引用来实现各种运算和操作。

引用结构体变量成员的一般方式为

结构体变量.成员名

其中“.”是成员运算符，其运算级别是最高的，和圆括号运算符“()”、下标运算符“[ ]”是同级别的，运算顺序是自左向右。

比如我们在前面定义了 employee p 结构体的两个变量 p1 和 p2，其中 p1.age 就表示变量 p1 的成员是 age，st1.name 表示变量 st1 的成员是 name。再例如：

```
struct price                    /* 定义了一个名为 price 结构体 */
{
  int x, y
};
struct price first;             /* 说明 first 是 struct price 类型的变量 */
```

那么 first.x 表示变量 first 的成员 x，first.y 表示变量 first 的成员 y，在程序中，就可以像对待整型变量那样去使用 first.x 和 first.y 了，即对结构体类型变量的成员所能执行的操作，与具有相同类型的普通变量所能执行的操作相同，例如：

```
first.x++;
```

在此强调一下，“.”运算符的优先级最高，因此 first.x++运算，相当于执行（first.x）++运算。

【例 8-3】 求 Lucy 的三门课程的成绩总分，并输出来（使用结构体变量成员的引用）。

```
#include "stdio.h"
#include"string.h"                   /* 程序中使用了字符串处理函数 */
struct student
{
  long number;
  char name[10];
  char sex;
  float score[3];
};
main()
```

```
{
  struct student stu1;                    /*定义 student 类型的变量 stu1 */
  stu1.number =100001L;                   /*给结构体变量 stu1 的成员 number 赋值 */
  strcpy(stu1.name,"Lucy");               /*给结构体变量 stu1 的成员 name[ ]赋值 */
  stu1.sex ='f';                          /*给结构体变量 stu1 的成员 sex 赋值 */
  stu1.score[0] =89;                      /*给结构体变量 stu1 的成员 score[ ]赋值 */
  stu1.score[1] =90;
  stu1.score[2] =95;
  printf("%s 的总分是:%f\n",stu1.name,stu1.score[0] +stu1.score[1] +stu1.score[2]);
}
```

程序经过编译、连接、运行得到结果如图 8-1 所示。

```
Lucy的总分是: 274.000000
Press any key to continue
```

图 8-1 【例 8-3】运行结果

如果某个结构体变量的成员数据类型又是一个结构体，则其成员的引用方法如下：

外层结构体变量．外层成员名．内层成员名

注意：这种嵌套的结构体数据，外层结构体变量的成员是不能单独引用的，例如“外层结构体变量．外层成员名”是错误的，因为结构体变量是不能直接引用的。如果引用若干层嵌套定义的结构体变量的成员，引用时必须用若干个成员运算符，一级一级地找到最低一级的成员。

8.2 结构体数组

在实际应用中，我们经常要处理的是具有相同数据结构的一个群体，比如一个班级的学生、所有员工的通信地址等。由相同结构体类型变量组成的数组，称为结构体数组。因此，结构体数组既具有结构体的特点，又具有数组的特点。

8.2.1 结构体数组的定义和初始化

定义结构体数组有三种方法：

1）定义结构体数组时，先定义结构体类型，再定义结构体数组并赋初始值，比如：

```
struct  student
{
  long   num;
  char   name[20];
  char   sex;
  int   age;
  float   score[3];
};
struct  student  stu[3] = {{200001L,"Tom",'m',{78,86,92}},
```

```
{200002L,"Lucy",'f',{85,69,82}},
{200003L,"Jack",'m',{84,88,96}}};
```

以上定义了一个结构体类型数组 stu[3]，其元素为 struct student 类型，数组有三个元素。这种方法将类型定义和变量定义分开进行，是比较常用的定义方法。

2）在定义结构体类型的同时定义结构体数组并赋初始值，如：

```
struct student
{
long   num;
char   name[20];
char   sex;
int    age;
float  score[3];
}stu[3] = {{200001L,"Tom",'m',{78,86,92}},
           {200002L,"Lucy",'f',{85,69,82}},
           {200003L,"Jack",'m',{84,88,96}}};
```

3）定义无名称的结构体的同时，定义结构体数组并赋初始值，如：

```
struct
{
long   num;
char   name[20];
char   sex;
int    age;
float  score[3];
}stu[3] = {{200001L,"Tom",'m',{78,86,92}},
           {200002L,"Lucy",'f',{85,69,82}},
           {200003L,"Jack",'m',{84,88,96}}};
```

以上三种方法定义的效果相同。

8.2.2 结构体数组的引用

结构体数组的引用分为结构体数组元素的引用和结构体数组元素成员的引用。

1. 结构体数组元素的引用

单个的结构体数组元素相当于一个结构体变量，可以赋给同一结构体类型数组中的另一个元素，或赋给同类型的结构体变量。例如，现在定义了一个结构体数组 stu，它有 3 个元素，又定义了一个结构体变量 s，则下面的赋值是合法的：

```
struct score stu[3],s;
s = stu[0];
stu[2] = stu[1];
stu[1] = s;
```

注意：不能把结构体数组作为一个整体直接进行输入或输出，只能对数组的单个元素进行输入或输出，如：

```
scanf("%s",&student[0]);
printf("%ld",student[0]);
```

2. 结构体数组元素成员的引用

结构体数组元素成员的引用与结构体变量成员的引用相同，下面的引用都是合法的。

```
scanf("%s",&student[0].name);
scanf("%ld",&student[0].num);
printf("%s,%ld,%d,%f\n",student[0].name,student[0].num,student[0].age,student
        [0].score);
```

8.3 指向结构体类型的指针

我们已经知道，在说明一个 int 型指针变量后，把一个同类型的变量地址赋值给它，该指针变量就指向了这个变量；把一个同一类型的数组名赋给它，该指针就指向了这个数组。同样，说明一个已有定义的结构类型指针后，把一个同类型的变量地址赋给它，该指针就指向了这个变量，这个指针就是指向结构体变量的指针；把一个同类型的数组名赋给它，该指针就指向了这个数组，这个指针就是指向结构体数组的指针。

8.3.1 指向结构体变量的指针

说明一个结构体变量后，它就在内存里获得了存储区，该存储区的起始地址就是这个变量的地址（指针）。如果说明一个这种结构体的指针变量把结构体变量的地址赋给它，那么该指针就指向了这个变量，比如前面已经定义的结构体类型 struct student：

```
struct student
{
  char   num[9];
  char   name[20];
  char   sex;
  float  score;
}st1,st2;
```

并做如下说明：

```
struct student st2 = {0105,"zhangsan",'m',95.5};
struct student * ptr = &st2;
```

那么，指针变量 ptr 就指向了结构体变量 st2。

在介绍指针时知道，当一个指针 p 指向一个变量 x 时，* p 与 x 是等价的，因此，原先对成员的引用：

```
st2.num   st2.name   st2.sex,st2.score
```

现在用指针变量，就可以改写成：

```
(* ptr).num   (* ptr).name   (* ptr).sex,(* ptr).score
```

在 C 语言里，还有一种借助于指针变量来访问结构体变量成员的方法，即用指向成员运算符“->”，一般格式是：

指针变量名 -> 结构成员名

比如，利用指向成员运算符，上面的引用可以改写为

ptr -> num　ptr -> name　ptr -> sex　ptr -> score

这样，访问结构体变量成员就有了下面三种等价形式。

① 直接利用结构体变量名：结构体变量名 . 成员名，比如 st2. num；

② 利用指向结构体变量的指针和指针运算符“ * ”，比如（ * ptr）. num；

③ 利用指向结构体变量的指针和指向成员运算符“->”，比如 ptr -> num。

【例 8-4】 用指针变量输出结构体变量的值。

```
#include "stdio.h"
struct student                                  /* 定义结构体类型 struct student */
{
int  num;
char  *name;
char  sex;
int age;
};
main()
{
struct student stud = {010101,"wang lei",'f',23}, *ptr = &stud;
                            /* 定义结构体类型变量 stud 和指针变量 */
  printf("stud.num = %d\tstud.name = %s\t",stud.num,stud.name);
  printf("stud.sex = %c\tstud.age = %d\n",stud.sex,stud.age);
  printf("(*ptr).num = %d\t(*ptr).name = %s\t",(*ptr).num,(*ptr).name);
  printf("(*ptr).sex = %c\t(*ptr).age = %d\n",(*ptr).sex,(*ptr).age);
  printf("ptr -> num = %d\tptr -> name = %s\t",ptr -> num,ptr -> name);
  printf("ptr -> sex = %c\tptr -> age = %d\n",ptr -> sex,ptr -> age);
}
```

程序运行结果如图 8-2 所示，从中可以看出这 3 种方法对结构体变量成员访问的形式确实是等价的。

```
stud.num=4161    stud.name=wang lei      stud.sex=f      stud.age=23
(*ptr).num=4161 (*ptr).name=wang lei    (*ptr).sex=f    (*ptr).age=23
ptr->num=4161    ptr->name=wang lei      ptr->sex=f      ptr->age=23
Press any key to continue
```

图 8-2 【例 8-4】运行结果

8.3.2 指向结构体数组的指针

如果说明了一个结构体数组和一个同类型的指针变量后，把数组名赋给该指针变量，那么这个指针变量就指向了这个数组。此时就可以通过对指针变量的操作来完成对数组元素的访问，例如：

```
struct
{
int  a;
float  b;
}arr[3], *p;
p = arr;
```

则 p 指向 arr 数组，即指向 arr 数组的第一个元素。若执行“p++;”，则指针变量此时指向 arr [1]。

【例 8-5】 用指向结构体变量的指针输出结构体数组中的元素。

```
#include "stdio.h"
struct  name_tel
{
char  name[14];
unsigned long tel;
};
struct name_tel comrades[3] = {{"ZhangSan",4792553},
{"LiSi",6846351},{"ZhaoWu",3897256}};
main()
{
struct name_tel *p;
printf("Name Telephone:\n");
for(p = comrades;p < comrades +3;p ++)
    printf("%s:%d\n",p -> name,p -> tel );
}
```

程序运行结果如图 8-3 所示。

```
Name Telephone:
ZhangSan:4792553
LiSi:6846351
ZhaoWu:3897256
```

图 8-3 【例 8-5】运行结果

8.4 共用体类型

8.4.1 共用体类型的定义

除了结构体以外，C 语言还提供了一种构造类型——共用体。与结构体类似，用户也可以在共用体中定义不同数据类型的成员。其一般定义形式为

```
union 共用体类型名
{
类型名 1 成员名 1;
类型名 2 成员名 2;
……
类型名 n 成员名 n;
};
```

说明：union 为关键字，用来声明用户定义的是一个共用体类型，而成员列表表示的是共用体类型中所含有的各成员变量。例如定义一个共用体类型 tage：

```
union tage
{
int a;
char b;
float c;
};
```

从上面可以看出，共用体和结构体无论在定义的方法上还是形式上都很相似，那么它们的区别是什么呢？其实结构体与共用体最大的区别是其成员变量所占的内存长度不同。结构体变量所占的内存长度等于各成员变量所占内存长度之和，即每个成员都有属于自己的内存空间，而共用体变量的各成员都共享同一块内存空间，即共用体变量所占内存长度等于其最长的成员变量所占的内存长度。例如上面定义的共用体类型 tage 含有 3 个成员：int a、char b、float c，由于 float c 所占内存长度最长，所以其他的两个成员都共享 c 的内存空间，即共用体 tage 的变量所占内存长度就等于其成员 c 所占的内存长度。

8.4.2 共用体变量的定义

和结构体变量一样，共用体变量的定义也有三种形式：

1）先定义共用体类型，再定义共用体变量，其一般形式为

union 共用体类型名 变量名

比如：

```
union tage
{
int a;
char b;
float c;
```

```
};
union tage s1,s2;
```

该例子先定义共用体类型 tage，再定义 s1、s2 都是 union tage 型的变量，每个变量都有 3 个成员：一个整型变量、一个字符型变量以及一个实型变量。

2）在定义共用体类型的同时定义变量，其一般形式为

```
union 共用体类型名
{
类型名 1 成员名 1;
类型名 2 成员名 2;
……
类型名 n 成员名 n;
}变量名列表;
```

例如：

```
union tage
{
int a;
char b;
float c;
}s1,s2;
```

该例在定义共用体类型的同时，定义 s1 和 s2 是这种类型的两个变量。由于共用体变量的成员是大家共用的一个存储区，所以绝对不能在定义变量的同时对其成员进行初始化。

3）省略共用体类型名，直接定义变量，其一般形式为

```
union
{
类型名 1 成员名 1;
类型名 2 成员名 2;
……
类型名 n 成员名 n;
}变量名列表;
```

这种方法一般不推荐使用。

8.4.3 共用体变量的引用

定义完共用体变量后，就可以对该变量进行引用了。共用体变量的引用和结构体变量的引用方式类似，但是不能引用共用体变量整体，而只能引用共用体变量中的成员。例如，引用前面定义的共用体 tage 变量 s1 成员：

```
scanf("%d",&s1.a);
printf("%d",s1.a);
```

引用共用体变量时，应注意以下几点：

① 由于共用体变量的所有成员都共用同一内存，因此在某一时刻只能存放其中的一个成员，即某一时刻只有一个成员起作用，而其他成员都不起作用。例如在执行完以下语句后：

```
s1. a =5;
s1. b ='m';
s1. c =1. 23456;
```

共用体所占的内存中存放的数据是1. 23456。由此可以看出，共用体变量在存放成员时采用的是覆盖技术，即在共用体变量中有意义的成员是最后一次存放的成员，任何新数据的存入都会覆盖掉原有的数据。

② 不能对共用体变量名赋值，也不能在定义共用体变量时对共用体变量进行初始化，例如，以下程序是错误的：

```
union tage
{
int a;
char b;
float c;
} s1 = {2,'n',2. 4};
```

③ 可以通过指针变量来引用共用体变量中的成员，例如：

```
union tage * p,s2;
p = &s1;
p -> a =15;
```

④ 不能将共用体变量作为函数参数，函数也不能返回共用体变量。

⑤ 结构体类型和共用体类型在定义时可以互相嵌套。

共用体变量最大的用途是将不能同时出现的数据项放在同一段内存中，从而达到节省内存空间的目的。

【例8-6】 设有一个教师与学生通用的表格，教师数据有姓名、年龄、职业、教研室四项。学生有姓名、年龄、职业、班级四项。编程输入人员数据，再以表格输出。

```
#include < stdio. h >
struct Stu
{
  char  name[10];                       /* 姓名 */
  int   age;                            /* 年龄 */
  char  job;                            /* 职业:s表示学生,t表示教师 */
union
  {
    int  classno;                       /* 学生班级号 */
    char office[10];                    /* 教师教研室名 */
```

```
    } depart;
};
void main()
{
struct Stu body[2];
int  i;
for(i=0; i<2; i++)                              /*输入学生或教师信息*/
{
   printf("input name,age,job and department\n");
   scanf("%s %d %c",body[i].name,
              &body[i].age,&body[i].job);
   if(body[i].job=='s')                         /*是学生,输入班级号*/
      scanf("%d",&body[i].depart.classno);
   else                                         /*是教师,输入教研室名*/
      scanf("%s",body[i].depart.office);
}
   printf("name\tage job class/office\n");      /*显示输入的学生、教师信息*/
   for(i=0; i<2; i++)
   {
      if(body[i].job=='s')
         printf("%s\t%3d%3c%d\n",body[i].name,
                  body[i].age,body[i].job,body[i].depart.classno);
      else
         printf("%s\t%3d %3c %s\n",body[i].name,body[i].age,
                  body[i].job,body[i].depart.office);
   }
}
```

8.5 枚举类型

在实际应用中，某些变量的取值范围可能很小，可能只有仅仅几个值，例如表示方向、颜色、一周中的周一至周日等。C 语言为了增加程序的可读性，在 ANSI 标准后加入了枚举类型，这里“枚举”的意思是将某种变量可能的取值一一列举出来。如果一个变量被定义成枚举类型，那么该变量能取的值只能是枚举类型中所列出的值。枚举类型的一般定义形式如下：

enum 枚举类型名{枚举元素 1,枚举元素 2,……,枚举元素 n};

定义中 enum 是关键字，起到标识的作用，说明所定义的数据类型是枚举类型，例如：

```
enum color{red,green,blue};
```

定义了一个枚举类型 color，根据该类型可以定义枚举变量，枚举变量的取值范围只能是 red、green、blue 中的某一值。枚举变量的定义形式可以分为三种：

1）先定义枚举类型后定义枚举变量，如：

```
enum color{red,green,blue};
color x,y;
```

2）定义枚举类型的同时定义变量，如：

```
enum color{red,green,blue}x,y;
```

3）定义匿名枚举变量，如：

```
enum{red,green,blue}x,y;
```

当使用枚举变量时，应注意以下几点：

① 在给枚举变量赋值时，只能将定义枚举类型时所列出的元素值赋给该变量，例如：

```
x = red;
y = green;
```

② 枚举类型所列出的元素值并不是字符串，而是整型常量，并且这些常量都是有值的，C 语言在进行编译时，会按照定义的顺序将它们的值置为 0、1、2、…，因此枚举元素又称为枚举常量。例如，上面定义的枚举类型 color 中各枚举常量的值分别为：red 为 0，green 为 1，blue 为 2。而且这些枚举常量的值还可以以整型的形式输出，例如：

```
color x;
x = blue;
printf("%d",x);                    /*输出结果为2*/
```

③ 不能将非枚举常量之外的值赋给枚举变量，例如“x = 3;”是错误的。

④ 枚举常量可以参与整数运算，可以进行算术运算、关系运算等，例如：

```
if(red > green)
printf("right");
```

从上面可以看出，枚举常量实际就是整型常量。枚举类型主要有两个优点：一是枚举常量限制了变量的取值范围，二是使用枚举常量可以增加程序的可读性。例如，定义一个含有每周七天的枚举类型：

```
enum week{mon,tue,wed,thu,fri,sat,sun}today;
```

在这里使用“today = mon;”就比“today = 1;”可读性强得多。

【例 8-7】 枚举类型运用。

```
#include "stdio.h"
void main()
{
  enum color
  {red,yellow,blue,black};
  enum color k;
  for(k = red;k <= black;k ++)
  {
```

```
    if(k == red)
            printf("it is red\n");
    else if(k == yellow)
            printf("it is yellow\n");
    else if(k == blue)
            printf("it is blue\n");
    else printf("it is black\n");
}
```

【任务实施】

此任务主要用到结构体类型的定义方法、结构体变量、结构体数组的定义和初始化及其成员的引用。

解题思路：

① 以学生的信息数据项为成员，定义结构体类型和相应的结构体数组。

② 使用 scanf() 函数循环输入每个学生的信息，包括学号和每门课的成绩。

③ 使用 printf() 函数输出每个学生的信息。

```
#include "stdio.h"
#define  N  4                                        /*定义学生人数*/
struct student                                       /*定义结构体 student*/
{
  long number;
  float score[3];
}stu[N];
void main()
{
  int i;
  printf("请输入学生信息:\n");
  for(i=0;i<N;i++)                                   /*循环输入每个学生的信息*/
  {
  scanf("%ld,%f,%f,%f",&stu[i].number,&stu[i].score[0],&stu[i].score[1],&stu
        [i].score[2]);
  }
  printf("学号\t高等数学\t单片机\t计算机\n");   /*输出每个学生的信息*/
  for(i=0;i<N;i++)
  {
    printf("%ld\t%f\t%f\t%f\n",stu[i].number,stu[i].score[0],stu[i].score[1],stu
           [i].score[2]);
  }
```

```
}
```

程序运行结果如图 8-4 所示。

```
请输入学生信息:
010501,99,95,90
010502,86,80,84
010503,53,60,67
010504,89,82,94
学号     高等数学           单片机   计算机
10501    99.000000          95.000000          90.000000
10502    86.000000          80.000000          84.000000
10503    53.000000          60.000000          67.000000
10504    89.000000          82.000000          94.000000
```

图 8-4　程序运行结果

【练一练】 一个学习小组有 N 名学生，学生的信息包含学号、姓名和语文、数学、英语 3 门课的成绩，从键盘上输入 N 名学生的信息，要求统计总成绩并显示总分最高的学生信息。

解题思路：

① 以学生的信息数据项为成员，定义结构体类型和相应的结构体数组。

② 循环输入每个学生的信息，统计总成绩，存储在结构体数组中。

③ 循环比较，求总分最高的学生并显示。

参考程序如下：

```
#include "stdio.h"
#define N 3                                             /*学生人数*/
struct student
{
char id[15];
char name[15];
int chinese,math,english;
int total;
}stu[N];
void main()
{
int i,MAX=0;
struct student stu[N]={{"010501","wangkai",98,95,90},{"010502","zhaolong",65,59,48},
                       {"010503","zhanglei",86,94,100}};     /*定义结构体数组并初始化*/
for(i=0;i<N;i++)                                        /*循环计算每个学生的总分*/
```

```
    stu[i].total = stu[i].chinese + stu[i].math + stu[i].english;
  for(i = 0;i < N;i ++ )/ * 求出总分最高的学生的数组下标 * /
    if(stu[i].total > stu[MAX].total)
      MAX = i;
  printf("总分最高的学生信息:\n");                    / * 输出总分最高的学生
                                                         信息 * /
  printf("%s,%s,%d,%d,%d,%d\n",stu[MAX].id,stu[MAX].name,stu[MAX].chinese,
                        stu[MAX].math,stu[MAX].english,stu[MAX].total);
}
```

程序运行如图 8-5 所示。

```
总分最高的学生信息:
010501,wangkai,98,95,90,283
```

图 8-5 【练一练】运行结果

小　　结

本单元主要介绍了结构体变量的定义、初始化、引用等方法，同时还介绍了共用体和枚举类型的定义和使用。在定义结构体类型时系统不为其分配存储空间，只有引用该类型定义变量时，才为其分配存储空间。

本单元主要的讲解内容如下：

① 结构体类型定义，对结构体变量可以使用输入、输出操作。

② 结构体数组的定义及初始化。

③ 结构体类型指针。

④ 共用体类型及变量定义、引用。

⑤ 枚举类型及变量定义、引用。

习题 8

一、选择题

1. 在下面对结构体变量的叙述中（　　）是错误的。

A. 相同类型的结构体变量间可以相互赋值

B. 通过结构体变量，可以任意引用它的成员

C. 结构体变量中某个成员与这个成员类型相同的简单变量间可以相互赋值

D. 结构体变量与简单变量间可以相互赋值

2. 在下面对共用体变量的叙述中（　　）是正确的。

A. 共用体变量可以同时存放其所有成员的值

B. 任何时刻，共用体变量只能存放其一个成员的值

C. 共用体变量内的不同成员占用不同的存储空间

D. 共用体变量内的不同成员占用相同大小的存储空间

3. 在下面对枚举变量的叙述中（　　）是正确的。

A. 枚举变量的值在C语言内部被表示为字符串

B. 枚举变量的值在C语言内部被表示为浮点数

C. 枚举变量的值在C语言内部被表示为整型数

D. 在C语言内部使用特殊标记表示枚举变量的值

4. 有如下结构体类型定义及有关语句：

```
struct ms
{
   int x;
   int * ptr;
}str1,str2;
str1. x = 10;
str2. x = str1. x + 10;
str1. p = &str2. x;
str2. p = &str1. x;
* str1. p + = * str2. p;
```

试问，执行以上语句后，str1. x 和 str2. x 的值应该是（　　）。

A. 10，30　　B. 10，20　　C. 20，20　　D. 20，10

5. 有以下程序段：

```
struct st
{   int x;   int * y;} * pt;
int a[ ] = {1,2};b[ ] = {3,4};
struct st   c[2] = {10,a,20,b};
pt = c;
```

以下选项中表达式的值为11的是（　　）。

A. * pt -> y　　B. pt -> x　　C. ++ pt -> x　　D. (pt ++)-> x

6. 有以下说明和定义语句：

```
struct student
{int age; char num[8];};
struct student stu[3] = {{20,"200401"},{21,"200402"},{19,"200403"}};
struct student * p = stu;
```

以下选项中引用结构体变量成员的表达式错误的是（　　）。

A. (p ++)-> num　　B. p -> num　　C. (* p). num　　D. stu[3]. age

7. 设有如下枚举类型定义：

enum language{Basic=3,Assembly=6,Ada=100,COBOL,Fortran};

枚举变量 Fortran 的值为（　　）。

A. 4　　B. 7　　C. 102　　D. 103

8. 以下选项中不能正确把 cl 定义成结构体变量的是（　　）。

A.
```
typedef struct
{int red;
 int green;
 int blue;
}COLOR;
COLOR cl;
```

B.
```
struct color cl
{int red;
 int green;
 int blue;
};
```

C.
```
struct color
{int red;
 int green;
 int blue;
}cl;
```

D.
```
struct
{int red;
 int green;
 int blue;
}cl;
```

9. 设有以下语句：

```
struct st{int n; struct st *next;};
static struct st a[3]={5,&a[1],7,&a[2],9,'\0'},*p;
p=&a[0];
```

则表达式（　　）的值是6。

A. p++->n　　B. p->n++　　C. (*p).n++　　D. ++p->n

10. 下面程序的输出是（　　）。

```
main()
{enum team{my,your=4,his,her=his+10};
printf("%d %d %d %d\n",my,your,his,her);}
```

A. 0 1 2 3　　B. 0 4 0 10　　C. 0 4 5 15　　D. 1 4 5 15

11. 下面程序的输出是（　　）。

```
main()
{struct cmplx{int x; int y;}cnum[2]={1,3,2,7};
printf("%d\n",cnum[0].y/cnum[0].x* cnum[1].x);}
```

A. 0　　B. 1　　C. 3　　D. 6

12. 设有如下定义：

```
struct sk
{int a;float b;}data,*p;
```

若有“p=&data;”，则对data中a的正确引用是（　　）。

A. (*p).data.a　　B. (*p).a　　C. p->data.a　　D. p.data.a

13. 已知字符0的ASCII码为十六进制的30，下面程序的输出是（　　）。

```
main()
{union{unsigned char c;
unsigned int i[4];
}z;
z.i[0]=0x39;
z.i[1]=0x36;
printf("%c\n",z.c);}
```

A. 6　　B. 9　　C. 0　　D. 3

二、填空题

1. “.”称为__________运算符，“->”称为__________运算符。

2. 有以下语句：

```
struct{int day;char mouth;int year;}a,*b; b=&a;
```

可用a.day引用结构体成员day，请写出引用结构体成员a.day的其他两种形式：__________、__________。

3. 若有下面的定义和说明语句：

```
union pc
{
  float x;
  float y;
  char b[6];
};
struct rt
{
  union pc w;
  float z[5];
  double k;
}vcd;
```

那么，变量 vcd 所占用的内存字节数是__________。

4. 有结构体定义如下：

```
struct person
{
   int no;
   char name[20];
}stu, *ptr = &stu;
```

用指针 ptr 和指向成员运算符“->”给变量 stu 成员 no 赋值 101 的语句是：__________。

三、程序阅读题

1. 以下程序运行后的输出结果是（　　　）。

```
#include "stdio.h"
struct NODE
{int   k;
   struct NODE   *link;
};
main()
{
   struct   NODE   m[5], *p=m, *q=m+4;
   int   i=0;
   while(p! =q)
   {   p->k= ++i;   p++;
       q->k=i++;   q--;
   }
   q->k=i;
   for(i=0;i<5;i++)
       printf("%d",m[i].k);
printf("\n");
}
```

2. 阅读程序，给出运行结果。

```
#include "stdio.h"
struct data
{
   int x,y;
};
main()
{
```

```
    struct data * p;
    struct data array[2] = {{8,5},{9,3}};
    printf("(array[0].x + array[0].y)/array[1].y = %d\n",array[0].x + array[0].y)/ar-
ray[1].y);
    p = array;
    (p ++ )-> y = p -> y + 10;
    p -> x = p -> x -5;
    printf("array[0].y + array[1].x = %d\n",array[0].y + array[1].x);
}
```

四、编程设计题

编写一个程序，利用结构体数组，输入10个学生档案信息：姓名（name）、数学（math）、物理（physics）、语言（language）。计算每个学生的总成绩，并输出。

技能提高篇

单元9 学生成绩管理系统

【教学目的】

通过本单元的学习，要求能熟练掌握C语言的基本知识和技能，能够利用所学的基本知识和技能，解决程序设计问题。

9.1 需求陈述

在信息社会的高科技时代，科学技术飞速发展，计算机的应用已经普及社会生活的各个领域。对每个高校来说，有关学生成绩的管理工作所涉及数据量非常大，单纯依靠人工已经无法高效地来完成，因此开发出一个适用于大中专院校的学生成绩管理系统是非常必要的。

本学生成绩管理系统能够对学生成绩进行登记、查询、修改、删除和排序，实现学生管理工作的系统化，为教师和学生的工作和学习提供便利。

9.2 功能描述

学生成绩管理系统主要实现学生成绩管理的以下功能：

① 菜单选择：在屏幕上显示一个菜单，根据用户选择决定执行相应的操作，是程序的唯一出口，本学生成绩管理系统用 switch 语句完成此功能。

② 数据输入：用于录入学生信息，用户可通过键盘输入具体数据，本学生成绩管理系统用 input( ) 函数来实现。

③ 数据排序：用于学生总分、平均分从高到低的排序，本学生成绩管理系统用 sort( ) 函数来实现的。

④ 数据显示：用于显示学生的具体信息，包含姓名、性别、成绩等信息的显示，本学生成绩管理系统用 display( ) 函数来实现的。

⑤ 数据的插入：用于插入新的学生信息，本学生成绩管理系统用 insert( ) 函数来实现的。

⑥ 数据的删除：用于删除一条学生记录，本学生成绩管理系统用 del( ) 函数来实现的。

⑦ 数据的查询：用于查找学生记录，本学生成绩管理系统用 find( ) 函数来实现的。

⑧ 数据的修改：用于修改学生的数据信息，本学生成绩管理系统用 modify( ) 函数来实现的。

9.3　系统设计

1. 全局数据结构设计

本系统定义了结构体 student，用于存储学生基本信息。

```
struct student
{
    int no;                    /* 定义学生编号 */
    char name[20];             /* 定义数组,存放学生姓名 */
    char sex[4];               /* 定义数组,存放学生性别 */
    float score1;              /* 定义学生成绩 1 */
    float score2;              /* 定义学生成绩 2 */
    float score3;              /* 定义学生成绩 3 */
    float sort;
    float ave;                 /* 定义平均分 */
    float sum;                 /* 定义总分 */
};
```

2. 菜单界面设计

菜单界面也就是主界面功能选择模块，主要设计思路为：首先是利用 printf( ) 函数输出欢迎标语，再用 printf( ) 函数直接输出 8 种可供选择的项，最后使用 switch 语句，来执行用户的选择。程序实现如下：

```
main( )
{
int as;
printf("\n\t\t\t 欢迎使用学生成绩管理系统\n");   /* 以下为功能选择模块 */
do
{
printf("\n\t\t\t\t1. 录入学生信息\n\t\t\t\t2. 显示学生信息\n\t\t\t\t3. 成绩排序\n\t\
        t\t\t4. 添加学生信息\n\t\t\t\t5. 删除学生信息\n\t\t\t\t6. 修改学生信息\n\t\t\
        t\t7. 查询学生信息\n\t\t\t\t8. 退出\n");
printf("\t\t\t\t 选择功能选项:");
fflush(stdin);
scanf("%d",&as);
switch(as)
{
case 1:system("cls");input();break;
```

```
case 2:system("cls");display();break;
case 3:system("cls");sort();break;
case 4:system("cls");insert();break;
case 5:system("cls");del();break;
case 6:system("cls");modify();break;
case 7:system("cls");find();break;
case 8:system("exit");exit(0);
  default:system("cls");goto start;
}
  }while(1);                    /*至此功能选择模块结束*/
}
```

进入成绩管理系统，选择 0 ~ 8 之间的数值，如图 9-1 所示，调用相应的功能进行操作。当输入为 8 时，退出此系统。

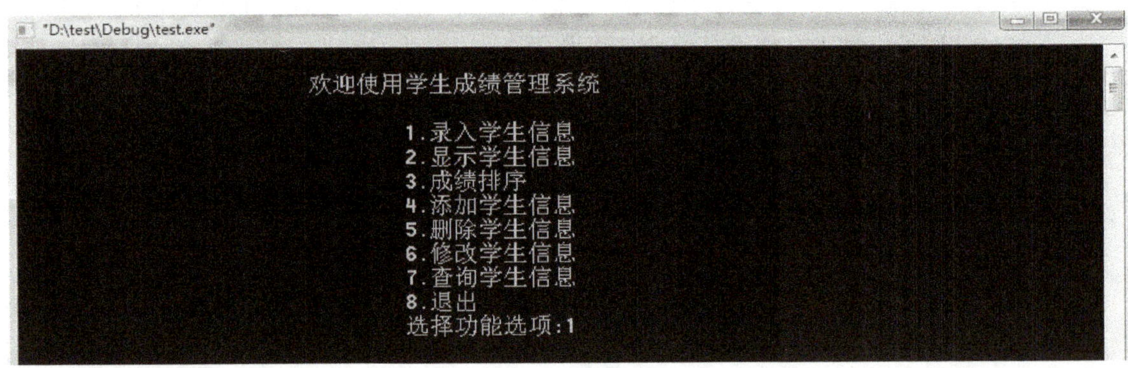

图 9-1　学生成绩管理系统菜单选择界面

3. 输入记录模块设计

输入记录模块也就是输入学生信息模块，主要设计思路是：利用 scanf() 函数，循环输入学生的信息，包含学生编号、姓名、性别和三门课的成绩。程序如下：

```
void input()                    /*原始数据录入模块*/
{
int i=0;
char ch;
do
{
  printf("\t\t\t\t1. 录入学生信息\n 输入第%d 个学生的信息\n",i+1);
  printf("\n 输入学生编号:");
  scanf("%d",&stu[i].no);
  fflush(stdin);
  printf("\n 输入学生姓名:");
  fflush(stdin);
```

```
    gets(stu[i].name);
    printf("\n 输入学生性别:");
    fflush(stdin);
    gets(stu[i].sex);
    printf("\n 输入学生成绩 1:");
    fflush(stdin);
    scanf("%f",&stu[i].score1);
    printf("\n 输入学生成绩 2:");
    fflush(stdin);
    scanf("%f",&stu[i].score2);
    printf("\n 输入学生成绩 3:");
    fflush(stdin);
    scanf("%f",&stu[i].score3);
    printf("\n\n");
    i++;
    now_no=i;
    printf("是否继续输入?(Y/N)");
    fflush(stdin);
    ch=getch();
    system("cls");
}
while(ch!='n'&&ch!='N');
system("cls");
}
```

输入1并按<Enter>键后，即可进入输入学生信息界面，其输入界面如图9-2所示，这

图9-2　输入学生信息界面

图 9-2　输入学生信息界面（续）

里输入了四条学生记录。当用户输入 Y 的时候，继续输入，为 N 的时候，结束输入过程，返回到菜单选择界面。

4. 显示模块设计

显示模块就是把上一步输入的学生信息按照一定的方式显示到屏幕上，利用 printf() 函数，把学生的编号、姓名、性别、三门课程的成绩及平均分都显示在屏幕上。程序如下：

```
void display()                              /*显示数据函数*/
{
  int i;
  char as;
  average();
do
  {
  printf("\t\t\t班级学生信息列表\n");
  printf("\t编号\t姓名\t性别\t成绩1\t成绩2\t成绩3\t平均值\n");
  for(i=0;i<now_no&&stu[i].name[0];i++)
  printf("\t%d\t%s\t%s\t%.2f\t%.2f\t%.2f\t%.2f\n",stu[i].no,stu[i].name,
        stu[i].sex,stu[i].score1,stu[i].score2,stu[i].score3,stu[i].ave);
  printf("\t\t按任意键返回主菜单.");
  fflush(stdin);
    as=getch();
  }while(! as);
  system("cls");
}
```

在菜单选择界面输入2按<Enter>键后，就可以进入学生信息显示界面了，如图9-3所示。

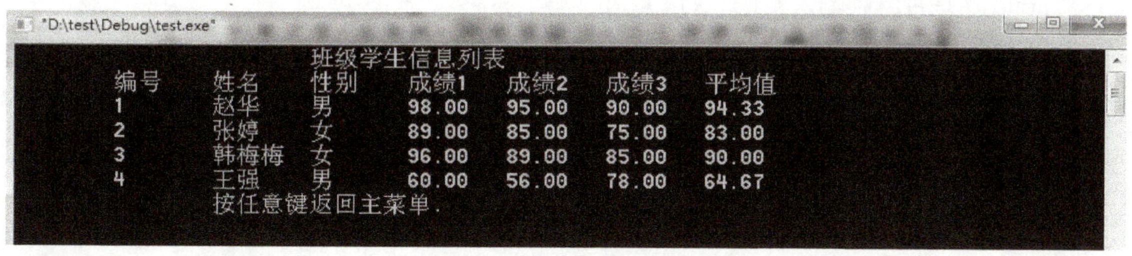

图9-3 学生信息显示界面

5. 增加学生记录模块

本模块主要是为了增加新学生的信息，首先输出提示性语句“输入新插入学生的信息”，同输入记录模块原理一样把新学生的信息输入进去。程序如下：

```
void insert()                                /*插入数据函数*/
{
char ch;
do{
```

```
        printf("\n\t\t 输入新插入学生的信息\n");
        printf("\n 输入学生编号:");
        scanf("%d",&stu[now_no].no);
        fflush(stdin);
        printf("\n 输入学生姓名:");
        fflush(stdin);
        gets(stu[now_no].name);
        printf("\n 输入学生性别:");
        fflush(stdin);
        gets(stu[now_no].sex);
        printf("\n 输入学生成绩 1:");
        fflush(stdin);
        scanf("%f",&stu[now_no].score1);
        printf("\n 输入学生成绩 2:");
        fflush(stdin);
        scanf("%f",&stu[now_no].score2);
        printf("\n 输入学生成绩 3:");
        fflush(stdin);
        scanf("%f",&stu[now_no].score3);
        printf("\n\n");
        now_no = now_no + 1;
        sort();
        printf("是否继续输入?(Y/N)");
        fflush(stdin);
        ch = getch();
        system("cls");
    }while(ch! ='n'&&ch! ='N');
}
```

在菜单选择界面选择 4，就可以进入新学生信息输入界面，如图 9-4 所示。

6. 删除记录模块设计

首先利用 printf()函数输出提示性语句“输入要删除学生的编号”，再利用 scanf()函数输入编号，最后利用 for 语句，循环对照输入的学生编号和系统中学生编号是否一致，如果与某学生编号相等，那么就把该学生的信息删除。程序如下：

```
void del()                          /*删除数据函数*/
{
int inum,i,j;
printf("输入要删除学生的编号:");
```

```
"D:\test\Debug\test.exe"
                    输入新插入学生的信息
输入学生编号:005
输入学生姓名:孙海
输入学生性别:男
输入学生成绩1:46
输入学生成绩2:60
输入学生成绩3:62

是否继续输入?(Y/N)
```

图 9-4　新学生信息输入界面

```
    fflush(stdin);
    scanf("%d",&inum);
    for(i=0;i<now_no;i++)
    {
      if(stu[i].no==inum)
      {
      if(i==now_no)now_no-=1;
      else
      {
      stu[i]=stu[now_no-1];
    now_no-=1;
      }
      sort();
      break;
      }
    }
    system("cls");
}
```

在菜单选择界面选择 5，就可以进入删除学生记录界面，如图 9-5 所示。

图 9-5　删除学生记录界面

7. 修改学生信息模块

本模块主要是修改学生的一些信息，首先利用 printf( )函数输出提示性语句“输入要修改的学生姓名”，然后利用 for 语句循环比较输入的姓名和系统中的姓名，最后修改学生编号、性别、成绩等信息。程序如下：

```
void modify( )                              /* 修改数据函数 */
{
  int i;
  char str[20],as;
  printf("输入要修改的学生姓名:");
  fflush(stdin);
  gets(str);
  for(i=0;i<now_no;i++)
  if(! strcmp(stu[i].name,str))
  {
    system("cls");
    printf("\n\t\t输入修改学生信息\n");
    printf("\n输入学生编号:");
    fflush(stdin);
    scanf("%d",&stu[i].no);
    printf("\n输入学生性别:");
    fflush(stdin);
    gets(stu[i].sex);
    printf("\n输入学生成绩1:");
    fflush(stdin);
    scanf("%f",&stu[i].score1);
    printf("\n输入学生成绩2:");
    fflush(stdin);
    scanf("%f",&stu[i].score2);
    printf("\n输入学生成绩3:");
    fflush(stdin);
    scanf("%f",&stu[i].score3);
    printf("\n\n");
    sort();
    break;
  }
  system("cls");
}
```

在菜单选择界面输入 6 并回车，就可以进入修改界面，如图 9-6 所示。

图 9-6　修改学生信息界面

8. 查询模块设计

本模块主要是完成查询功能，首先利用 printf( ) 函数输出提示性语句“输入要查询的学生姓名”，然后利用 for 语句循环比较输入的姓名和系统中的姓名，最后便可显示查询学生的编号、姓名、性别、成绩及其平均分等信息。程序如下：

```
void find()                              /*查询函数*/
{
int i;
char str[20],as;
do
{
printf("输入要查询的学生姓名:");
fflush(stdin);
gets(str);
for(i=0;i<now_no;i++)
if(! strcmp(stu[i].name,str))
{
printf("\t编号\t姓名\t性别\t成绩1\t成绩2\t成绩3\t平均值\n");
printf("\t%d\t%s\t%s\t%.2f\t%.2f\t%.2f\t%.2f\n",stu[i].no,stu[i].name,stu[i].
        sex,stu[i].score1,stu[i].score2,stu[i].score3,stu[i].ave);
}
printf("\t\t按任意键返回主菜单.");
fflush(stdin);
as=getch();
```

```
    } while(! as);
    system("cls");
}
```

在菜单选择界面输入 7，并回车，就可以进入查询界面，此时被查询学生的信息即可显示在屏幕上，如图 9-7 所示。

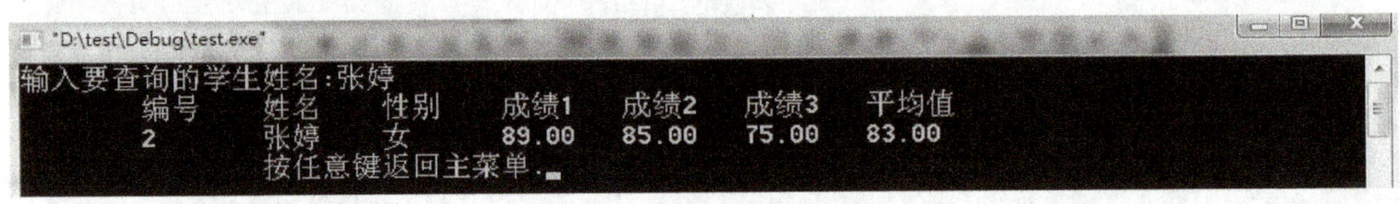

图 9-7　查询学生信息界面

9. 排序模块设计

本模块主要是对学生成绩的平均分进行排序，首先计算出学生三门课程的平均分，然后按照由高到低的顺序进行排列。程序如下：

```
void sort()                              /* 排序数据函数 */
{
  struct student temp;
  int i,j;
  average();
  for(i = 1;i < now_no;i ++)
  {
    for(j = 1;j < = now_no - i;j ++)
    {
      if(stu[j - 1]. ave < stu[j]. ave)
      {
      temp = stu[j];
      stu[j] = stu[j - 1];
      stu[j - 1] = temp;
      }
    }
  }
}
```

在菜单界面输入 2，就可以进入到学生排序界面，如图 9-8 所示。注意，本次运行结果是在删除、修改过学生信息之后，按照平均分高低进行的排序。

10. 退出系统

在菜单选择界面直接选择 8 并且回车，就可以退出本成绩管理系统了。

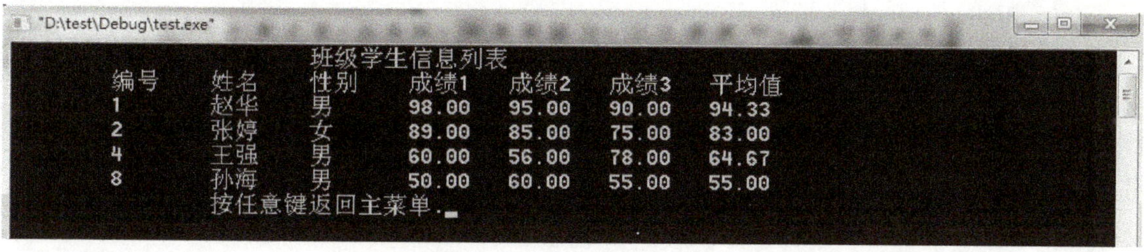

```
"D:\test\Debug\test.exe"
                    班级学生信息列表
    编号      姓名      性别      成绩1     成绩2     成绩3     平均值
    1         赵华      男        98.00     95.00     90.00     94.33
    2         张婷      女        89.00     85.00     75.00     83.00
    4         王强      男        60.00     56.00     78.00     64.67
    8         孙海      男        50.00     60.00     55.00     55.00
              按任意键返回主菜单._
```

图 9-8　学生排序界面

9.4　学生成绩管理系统完整代码

```
#include <time.h>
#include <stdio.h>
#include <conio.h>
#include <stdlib.h>
#include <string.h>
#define MAX 80
void input();
void sort();
void display();
void insert();
void del();
void average();
void find();
void modify();
int now_no=0;
struct student
{
    int no;
    char name[20];
    char sex[4];
    float score1;
    float score2;
    float score3;
    float sort;
    float ave;
    float sum;
};
```

```
struct student stu[MAX], *p;
void average()                                      /*求平均数*/
{
  int i;
  for(i=0;i<now_no;i++)
  {
    stu[i].sum=stu[i].score1+stu[i].score2+stu[i].score3;
    stu[i].ave=stu[i].sum/3;
  }
}
void main()                                         /*主函数*/
{
    int as;
    start:printf("\n\t\t\t欢迎使用学生成绩管理系统\n");
                                                    /*以下为功能选择模块*/
    do
    {
    printf("\n\t\t\t\t1. 录入学生信息\n\t\t\t\t2. 显示学生信息\n\t\t\t\t3. 成绩排序
        \n\t\t\t\t4. 添加学生信息\n\t\t\t\t5. 删除学生信息\n\t\t\t\t6. 修改学生信
        息\n\t\t\t\t7. 查询学生信息\n\t\t\t\t8. 退出\n");
    printf("\t\t\t\t选择功能选项:");
    fflush(stdin);
    scanf("%d",&as);
    switch(as)
    {
    case 1:system("cls");input();break;
    case 2:system("cls");display();break;
    case 3:system("cls");sort();break;
    case 4:system("cls");insert();break;
    case 5:system("cls");del();break;
    case 6:system("cls");modify();break;
    case 7:system("cls");find();break;
    case 8:system("exit");exit(0);
    default:system("cls");goto start;
    }
    }while(1);                                      /*至此功能选择模块结束*/
}
```

```
void input()                                    /*原始数据录入模块*/
{
    int i=0;
    char ch;
    do
    {
    printf("\t\t\t\t1. 录入学生信息\n 输入第%d 个学生的信息\n",i+1);
    printf("\n 输入学生编号:");
    scanf("%d",&stu[i].no);
    fflush(stdin);
    printf("\n 输入学生姓名:");
    fflush(stdin);
    gets(stu[i].name);
    printf("\n 输入学生性别:");
    fflush(stdin);
    gets(stu[i].sex);
    printf("\n 输入学生成绩1:");
    fflush(stdin);
    scanf("%f",&stu[i].score1);
    printf("\n 输入学生成绩2:");
    fflush(stdin);
    scanf("%f",&stu[i].score2);
    printf("\n 输入学生成绩3:");
    fflush(stdin);
    scanf("%f",&stu[i].score3);
    printf("\n\n");
    i++;
    now_no=i;
    printf("是否继续输入?(Y/N)");
    fflush(stdin);
    ch=getch();
    system("cls");
    }while(ch!='n'&&ch!='N');
    system("cls");
}
void sort()                                     /*排序数据函数*/
{   struct student temp;
```

```
    int i,j;
    average();
    for(i=1;i<now_no;i++)
    {
    for(j=1;j<=now_no-i;j++)
    {
      if(stu[j-1].ave<stu[j].ave)
      {
        temp=stu[j];
      stu[j]=stu[j-1];
      stu[j-1]=temp;
      }
     }
    }
}
void display()                                        /*显示数据函数*/
{
    int i;
    char as;
    average();
do
    {
    printf("\t\t\t班级学生信息列表\n");
    printf("\t编号\t姓名\t性别\t成绩1\t成绩2\t成绩3\t平均值\n");
      for(i=0;i<now_no&&stu[i].name[0];i++)
      printf("\t%d\t%s\t%s\t%.2f\t%.2f\t%.2f\t%.2f\n",stu[i].no,stu[i].name,
            stu[i].sex,stu[i].score1,stu[i].score2,stu[i].score3,stu[i].ave);
    printf("\t\t按任意键返回主菜单.");
    fflush(stdin);
    as=getch();
    }while(!as);
    system("cls");
}
void insert()                                         /*插入数据函数*/
{
    char ch;
    do{
```

```
    printf("\n\t\t 输入新插入学生的信息\n");
    printf("\n 输入学生编号:");
    scanf("%d",&stu[now_no].no);
    fflush(stdin);
    printf("\n 输入学生姓名:");
    fflush(stdin);
    gets(stu[now_no].name);
    printf("\n 输入学生性别:");
    fflush(stdin);
    gets(stu[now_no].sex);
    printf("\n 输入学生成绩 1:");
    fflush(stdin);
    scanf("%f",&stu[now_no].score1);
    printf("\n 输入学生成绩 2:");
    fflush(stdin);
    scanf("%f",&stu[now_no].score2);
    printf("\n 输入学生成绩 3:");
    fflush(stdin);
    scanf("%f",&stu[now_no].score3);
    printf("\n\n");
    now_no = now_no + 1;
    sort();
    printf("是否继续输入? (Y/N)");
    fflush(stdin);
    ch = getch();
    system("cls");
    }while(ch!='n'&&ch!='N');
}
void del()                                          /* 删除数据函数 */
{
    int inum,i,j;
    printf("输入要删除学生的编号:");
    fflush(stdin);
    scanf("%d",&inum);
    for(i = 0;i < now_no;i ++)
    {
    if(stu[i].no == inum)
```

```
{
if(i == now_no) now_no- =1;
else
{
stu[i] = stu[now_no -1];
now_no- =1;
}
sort();
break;
}
}
system("cls");
}
void find()                                          /*查询函数*/
{
    int i;
    char str[20],as;
    do
    {
    printf("输入要查询的学生姓名:");
    fflush(stdin);
  gets(str);
    for(i =0;i < now_no;i ++)
    if(! strcmp(stu[i].name,str))
    {
    printf("\t 编号\t 姓名\t 性别\t 成绩 1\t 成绩 2\t 成绩 3\t 平均值\n");
       printf("\t%d\t%s\t%s\t%.2f\t%.2f\t%.2f\t%.2f\n",stu[i].no,stu[i].name,
              stu[i].sex,stu[i].score1,stu[i].score2,stu[i].score3,stu[i].ave);
       }
    printf("\t\t 按任意键返回主菜单.");
    fflush(stdin);
    as = getch();
    }while(! as);
    system("cls");
}
void modify()                                        /*修改数据函数*/
{
```

```
    int i;
    char str[20],as;
    printf("输入要修改的学生姓名:");
    fflush(stdin);
    gets(str);
    for(i=0;i<now_no;i++)
    if(! strcmp(stu[i].name,str))
    {
     system("cls");
     printf("\n\t\t输入修改学生信息\n");
     printf("\n输入学生编号:");
     fflush(stdin);
     scanf("%d",&stu[i].no);
     printf("\n输入学生性别:");
    fflush(stdin);
     gets(stu[i].sex);
     printf("\n输入学生成绩1:");
     fflush(stdin);
     scanf("%f",&stu[i].score1);
     printf("\n输入学生成绩2:");
     fflush(stdin);
     scanf("%f",&stu[i].score2);
     printf("\n输入学生成绩3:");
     fflush(stdin);
     scanf("%f",&stu[i].score3);
     printf("\n\n");
     sort();
     break;
    }
   system("cls");
}
```

附　录

附录 A　常用 C 语言库函数

1. 数学函数（以下函数都包含在头文件 math. h 中）

函 数 名	函 数 原 型	说　　明
abs( )	int abs(int i)	函数返回整型参数 i 的绝对值
acos( )	double acos(double x)	函数返回 x 的反余弦值
asin( )	double asin(double x)	函数返回 x 的反正弦值
atan( )	double atan(double x)	函数返回 x 的反正切值
atan2( )	double atan2(double y,double x)	函数返回 x/y 的反正切值
ceil( )	double ceil(double x)	函数返回不小于 x 的最小整数
cos( )	double cos(double x)	函数返回 x 的余弦值
cosh( )	double cosh(double x)	函数返回 x 的双曲余弦值
exp( )	double exp(double x)	函数返回 e^x 的值
fabs( )	double fabs(double x)	函数返回双精度参数 x 的绝对值
floor( )	double floor(double x)	函数返回不大于 x 的最大整数
log( )	double log(double x)	函数返回 x 的自然对数
log10	double log10(double x)	函数返回 x 的以 10 为底的对数
sin( )	double sin(double x)	函数返回 x 的正弦值
sinh( )	double sinh(double x)	函数返回 x 的双曲正弦值
sqrt( )	double sqrt(double x)	函数返回 x 的二次方根值
tan( )	double tan(double x)	函数返回 x 的正切值
tanh( )	double tanh(double x)	函数返回 x 的双曲正切值

2. 字符处理函数（以下函数都包含在头文件 ctype. h 中）

函 数 名	函 数 原 型	说　　明
isalnum( )	int isalnum(int ch)	若 ch 是一个字母或数字，函数返回非零值，否则返回零
isalpha( )	int isalpha(int ch)	若 ch 是一个字母，函数返回非零值，否则返回零
iscntrl( )	int iscntrl(int ch)	若 ch 的 ASCII 码在 0 到 0x1F 之间或等于 0x1F，函数返回非零值，否则返回零
isdigit( )	int isdigit(int ch)	若 ch 是 0 到 9 之间的数字，函数返回非零值，否则返回零

（续）

函数名	函数原型	说明
isgraph()	int isgraph(int ch)	若 ch 是除空格外的任何可输出字符，函数返回非零值，否则返回零
islower()	int islower(int ch)	若 ch 是小写英文字母，函数返回非零值，否则返回零
isprint()	int isprint(int ch)	若 ch 是可输出字符（含空格），函数返回非零值，否则返回零
ispunct()	int ispunct(int ch)	若 ch 是标点字符（即除字母、数字和空格以外的可输出字符），函数返回非零值，否则返回零
isspace()	int isspace(int ch)	若 ch 是空格、制表符、换页符、回车符或换行符，函数返回非零值，否则返回零
isupper()	int isupper(int ch)	若 ch 是大写英文字母，函数返回非零值，否则返回零
isxdigit()	int isxdigit(int ch)	若 ch 是十六进制数，函数返回非零值，否则返回零
tolower()	int tolower(int ch)	将 ch 转换为小写字母
toupper()	int toupper(int ch)	将 ch 转换为大写字母

3. 字符串处理函数（以下函数都包含在头文件 string. h 中）

函数名	函数原型	说明
strcat()	char *strcat(char *s1,char *s2)	将字符串 s2 添加到字符串 s1 后面，返回 s1
strchr()	char *strchr(char *s,char ch)	返回字符串 s 中首次出现与字符 ch 匹配的字符的位置指针。如未发现，返回 NULL
strcmp()	char *strcmp(char *s1,char *s2)	比较字符串 s1 和 s2，s1 < s2 返回正数；s1 = s2 返回零；s1 > s2 返回负数
strcpy()	char *strcpy(char *s1,char *s2)	把字符串 s2 的内容复制到字符串 s1 中，返回 s1
strlen()	unsigned int strlen(char *s)	返回字符串 s 的长度（不含字符串结束符）
strstr()	char *strstr(char *s1,char *s2)	在字符串 s1 中查找字符串 s2，返回其第 1 次出现 s2 的位置指针，或 NULL

4. 输入、输出函数（以函数都包含在头文件 stdio. h 中）

函数名	函数原型	说明
gets()	char *gets(char *s)	从键盘读取字符串（以回车换行为结束），存入到数组 s 中
getchar()	int getchar(void)	从键盘读取下一个字符
putchar()	int putchar(char ch)	将字符 ch 输出到显示屏幕
puts()	int puts(char *s)	将字符串 s 输出到显示屏幕，'\0' 转换成回车换行
printf()	int printf(char *format,args)	格式输出
scanf()	int scanf(char *format,args)	格式出入

5. 文件操作函数（以下函数都包含在头文件 stdio. h 中）

函 数 名	函数原型	说　明
fclose( )	int fclose(FILE *fp)	关闭 fp 所指文件，正确返回零，否则返回 EOF（-1）
feof( )	int feof(FILE *fp)	检查 fp 所指文件是否结束，遇到结束符返回非零，否则返回零
fgetc( )	int fgetc(FILE *fp)	从 fp 所指文件中读取一个字符
fgets( )	char *fgets(char *buf,int n,FILE *fp)	从 fp 所指文件中读取 n-1 个字符，存入起始地址为 buf 的内存空间中
fopen( )	FILE *fopen(char *filename,char *mode)	以 mode 指定的方式打开名为 filename 的文件，返回文件指针
fprintf( )	int fprintf(FILE *fp,char *format,args)	把内存变量 args 的值，以 format 指定的格式，写入到 fp 所指文件中
fputc( )	int fputc(char ch,FILE *fp)	将字符 ch 写入到 fp 所指文件中
fputs( )	int fputs(char *s,FILE *fp)	将 s 所指字符串写入到 fp 所指文件中
fread( )	intfread(char *nt,unsigned size,unsigned n,FILE *fp)	从 fp 所指文件中读取 n 个长度为 size 的数据，存入由 nt 所指的内存空间
fscanf( )	int fscanf(FILE *fp,char *format,&args)	从 fp 所指文件中，按照 format 指定格式，将数据读入到地址为 args 的内存单元
fseek	int fseek(FILE *fp,long offset,int base)	将 fp 所指文件中的内部指针移到以 base 为基点、以 offset 为位移量的位置处
fwrite( )	int fwrite(char *nt,unsigned size,unsigned n,FILE *fp)	把 nt 所指内存空间的 n 个长度为 size 的数据，写入由 fp 所指的文件中
rewind( )	void rewind(FILE *fp)	将 fp 所指文件的内部指针移到文件头

6. 动态存储分配函数（以下函数都包含在头文件 stdlib. h 或 alloc. h 中）

函 数 名	函数原型	说　明
free( )	void free(void *p)	释放指针 p 所占内存空间
malloc( )	void *malloc(unsigned size)	申请 size 个字节的内存空间，返回该空间起址

7. 其他函数

函 数 名	函数原型	说　明
rand( )	int rand( )	产生 0～32767 之间的整数，头文件为 stdlib. h
srand( )	void srand(unsigned seed)	用来设置 rand( ) 函数产生随机数时的随机种子，头文件为 stdlib. h
div( )	div_t div(int number,int denom)	将两个整数 number 和 denom 相除，返回结构体 div_t 类型，头文件为 stdlib. h
ldiv( )	ldiv_t ldiv(long lnumber,long ldenom)	两个长整数相除，返回商和余数，头文件为 stdlib. h

（续）

函 数 名	函数原型	说　明
clock( )	clock_t clock(void)	返回处理器调用某个进程或函数所花费的时间，头文件为 time. h
difftime( )	double difftime (time_t time1, time_t time2)	计算两个时刻 time2 和 time1 的时间差，头文件为 time. h
malloc( )	void * malloc(unsigned size)	内存分配函数，头文件为 malloc. h
system( )	int system(char * command)	发出一个 dos 命令，如 system ("time") 显示并设置系统时间、system ("cls") 清屏，头文件为 stdlib. h

附录 B　常用字符的 ASCII 码值

ASCII 码值	字符	ASCII 码值	字符	ASCII 码值	字符	ASCII 码值	字符
32	(space)	56	8	80	P	104	h
33	!	57	9	81	Q	105	i
34	"	58	:	82	R	106	j
35	#	59	;	83	S	107	k
36	$	60	<	84	T	108	l
37	%	61	=	85	U	109	m
38	&	62	>	86	V	110	n
39	'	63	?	87	W	111	o
40	(	64	@	88	X	112	p
41	)	65	A	89	Y	113	q
42	*	66	B	90	Z	114	r
43	+	67	C	91	[	115	s
44	,	68	D	92	\	116	t
45	-	69	E	93	]	117	u
46	.	70	F	94	^	118	v
47	/	71	G	95	_	119	w
48	0	72	H	96	`	120	x
49	1	73	I	97	a	121	y
50	2	74	J	98	b	122	z
51	3	75	K	99	c	123	{
52	4	76	L	100	d	124	|
53	5	77	M	101	e	125	}
54	6	78	N	102	f	126	~
55	7	79	O	103	g	127	DEL

参 考 文 献

[1] 谭浩强. C语言程序设计 [M]. 3版. 北京：清华大学出版社，2013.
[2] 李根福，贾丽君. C语言项目开发全程实录 [M]. 北京：清华大学出版社，2013.
[3] 熊锡义，林宗朝. C语言程序设计案例教程 [M]. 大连：大连理工大学出版社，2012.